新媒体技术应用

曾 琦　刘 婧　主 编
马静林　董善志　郭玉靖　副主编
王烽杰　成家锦

电子工业出版社·
Publishing House of Electronics Industry
北京·BEIJING

内 容 简 介

本书以新媒体技术应用为主线，将全书划分为 6 个单元，即认知新媒体岗位及新媒体工具、新媒体文字处理技术、新媒体图片处理技术、新媒体图文排版技术、H5 制作技术、短视频制作技术。从认知新媒体岗位开始，到文字处理、图片处理、图文排版、H5 制作、短视频制作，本书由浅入深，以任务驱动的形式介绍多个新媒体技术软件，覆盖新媒体内容表现形式的全部制作技术。

本书落实课程思政融入精神，每个任务都具有明确的课程思政要点，将"教、学、评"贯穿始终。本书既可作为教师教学用书，又可供学生自主学习使用；既可作为中高等职业院校和应用型本科院校新闻传播类专业和计算机类专业的教材，也可供新媒体从业者和相关社会人士阅读参考。

图书在版编目（CIP）数据

新媒体技术应用 / 曾琦，刘婧主编．—北京：电子工业出版社，2024.1

ISBN 978-7-121-47368-5

Ⅰ．①新⋯ Ⅱ．①曾⋯ ②刘⋯ Ⅲ.①多媒体技术－高等学校－教材 Ⅳ.①TP37

中国国家版本馆 CIP 数据核字（2024）第 046274 号

责任编辑：康　静
印　　刷：三河市君旺印务有限公司
装　　订：三河市君旺印务有限公司
出版发行：电子工业出版社
　　　　　北京市海淀区万寿路 173 信箱　　　　邮编：100036
开　　本：787×1092　　1/16　　印张：9.5　　字数：256 千字
版　　次：2024 年 1 月第 1 版
印　　次：2024 年 1 月第 1 次印刷
定　　价：34.00 元

凡所购买电子工业出版社图书有缺损问题，请向购买书店调换。若书店售缺，请与本社发行部联系，联系及邮购电话：(010) 88254888，88258888。

质量投诉请发邮件至 zlts@phei.com.cn，盗版侵权举报请发邮件至 dbqq@phei.com.cn。

本书咨询联系方式：88254173，qiurj@phei.com.cn。

前　言

随着移动互联网的快速发展，各种新媒体平台层出不穷，为适应新媒体内容生产"短、平、快"的特点，各种新媒体技术软件应运而生。本书遵循"基于工作过程导向"的课程建设理念，采用校企双元合作开发的方式，以新媒体内容表现形式——文字、图片、图文、H5 动画、短视频为主线，根据工作岗位的典型任务进行模块重组，将新媒体技术应用理念与实践相结合，构建新媒体技术应用的知识技能体系。全书共分为 6 个单元，包括认知新媒体岗位及新媒体工具、新媒体文字处理技术、新媒体图片处理技术、新媒体图文排版技术、H5 制作技术、短视频制作技术。本书介绍了讯飞语记、石墨文档、创客贴、秀米、易企秀、剪映等软件，以真实案例的形式讲述这些软件的使用方法。

本书结构清晰、逻辑严密、语言简洁、案例丰富、图文并茂、任务驱动、"岗课赛证训创"融合突出，具有较强的实用性。本书在编排上既具有传统教材知识结构体系的完整性，又突出了新媒体教材的数字化。本书基于任务结构设计了任务描述、学习目标、思政要点、任务分析、知识链接、引导问题、课后作业、学习评价 8 个环节，突出了学生自主学习、教师辅助教学，课程思政融合自然，"学、练、评"一体化的特色。

本书建议学习 60 课时，具体课时安排如下。

单　元	建 议 课 时
单元 1　认知新媒体岗位及新媒体工具	8 课时
单元 2　新媒体文字处理技术	8 课时
单元 3　新媒体图片处理技术	12 课时
单元 4　新媒体图文排版技术	12 课时
单元 5　H5 制作技术	8 课时
单元 6　短视频制作技术	12 课时

本书由山东传媒职业学院曾琦和济南广播电视台成家锦共同起草策划，由刘婧、马静林、董善志、郭玉靖、王烽杰、成家锦共同编写。其中，曾琦、刘婧为主编，马静林、董善志、郭玉靖、王烽杰、成家锦为副主编。本书单元 1 由成家锦编写，单元 2 由郭玉靖编写，单元 3 由王烽杰和董善志编写，单元 4 由曾琦编写，单元 5 由马静林编写，单元 6 由刘婧编写。由于作者水平有限，书中难免存在一些疏漏和不足之处，希望广大同行专家和读者批评、指正。

扫一扫

任务素材

编者

目 录

单元 1

认知新媒体岗位及新媒体工具

学前提示

　　随着互联网和新媒体的发展，相关的工作岗位应运而生，不管是新媒体运营岗还是新媒体编辑岗，对简单、快捷的互联网工具的需求越来越多。

　　本单元主要完成两个任务：一是通过网络搜索与新媒体相关的岗位，了解岗位的主要职责和任职要求；二是通过互联网查询文字编辑工具、视频编辑工具、图片编辑工具、新媒体运营工具、数据分析工具、图文排版工具，让学生能够根据任务要求查找相应的新媒体工具，明确新媒体工作人员应掌握的技能。

扫码看视频

任务 1 认知新媒体相关岗位

1．任务描述

通过招聘网站分析新媒体运营岗和新媒体编辑岗的主要职责和任职要求，明确一个优秀的新媒体运营或新媒体编辑应具有的职业技能和职业素养。

2．学习目标

（1）通过招聘网站查找 4 种以上与新媒体相关的岗位，正确率 100%；

（2）能够梳理不同地区的公司对新媒体编辑岗的工作职责和任职要求，并能够正确总结新媒体运营岗的职业技能，正确率 80% 以上；

（3）能够梳理不同地区的公司对新媒体运营岗的工作职责和任职要求，并能够正确总结新媒体编辑岗的职业素养，正确率 80% 以上；

（4）能够明确自己的职业目标，制订课程的学习计划。

3．思政要点

通过分析新媒体相关岗位的工作职责和任职要求，引导学生对职业生涯进行初步规划，并在今后的学习中培养职业素养、职业道德和职业精神。

4．任务分析

根据招聘网站的岗位介绍信息，分析新媒体运营或新媒体编辑应承担的责任，具体分析他们应具备的知识，从学历、审美能力、学习能力、软件应用能力等方面分析新媒体相关岗位的职业素养。

分任务 1：新媒体相关岗位的人才需求量日益增多，2020 年 3 月，人社部公布新增 16 个新职业，其中就有全媒体运营师。从 BOOS 直聘网查询到的与新媒体相关的岗位有新媒体内容审核员、新媒体运营、新媒体运营总监、新媒体编辑、新媒体文案策划、新媒体设计、市场新媒体专员、新媒体推广等。这么多的新媒体岗位，他们的岗位职责是什么呢？请选择你喜欢的 3 个岗位，填写在表 1-1、表 1-2 和表 1-3 中。

表 1-1 _____岗位工作职责任务单 1

序号	公司名称	公司地域	工作职责	梳理工作职责
1				
2				
3				
4				
5				

表 1-2 _____岗位工作职责任务单 2

序号	公司名称	公司地域	工作职责	梳理工作职责
1				

序号	公司名称	公司地域	工作职责	梳理工作职责
2				
3				
4				
5				

表 1-3　_____岗位工作职责任务单 3

序号	公司名称	公司地域	工作职责	梳理工作职责
1				
2				
3				
4				
5				

　　分任务 2：新媒体岗位具有复杂性、多样性，所以要想成为一名合格的新媒体工作人员，还需要拥有能够胜任该岗位的能力。新媒体运营岗和新媒体编辑岗的任职要求是什么呢？请将查找的信息填写在表 1-4 和表 1-5 中。

表 1-4　新媒体运营岗的任职要求任务单

序号	公司名称	公司地域	任职要求	梳理任职要求
1				
2				
3				
4				
5				

表 1-5　新媒体编辑岗的任职要求任务单

序号	公司名称	公司地域	任职要求	梳理任职要求
1				
2				
3				
4				
5				

　　分任务 3：新媒体工作人员的工作能力与职业素养对工作质量起着决定性作用，只有储备足够丰富的知识，具有精湛的能力，才能更好地应对工作中的各种问题。请小组通过 BOSS 直聘网查找新媒体运营岗、新媒体编辑岗、新媒体文案策划岗、新媒体专员、新媒体推广岗、新媒体设计岗的任职要求，试分析这些岗位在知识、能力、职业素养方面的要求，并填写在表 1-6 中。

表1-6 任务单

序号	岗位	知识	能力	职业素养
1	新媒体运营			
2	新媒体文案策划			
3	新媒体编辑			
4	新媒体专员			
5	新媒体推广			
6	新媒体设计			

学习小提示

学习方法建议：自主预习，探究学习。

学习平台：BOSS直聘网、智联招聘网、前程无忧网等。

学习理念：学而不思则罔，思而不学则殆。

5. 知识链接

随着新媒体行业的迅速崛起，媒介形态的革新与聚变对新媒体人才的能力结构提出新的要求，行业发展逐渐向技术主导演进，行业发展对新媒体运营及技术类人才产生了大量需求。

新媒体相关岗位工作人员的工作能力和职业素养决定着新媒体平台的运营效果，一个优秀的新媒体工作人员必须对自己的岗位有清晰的认识。

近年来，我国新媒体行业的市场规模保持高速扩张之势，截至2022年6月，我国网民规模达10.51亿，互联网普及率达74.4%；手机网民规模为10.47亿，网民使用手机上网的比例为99.6%。未来随着行业相关规范的出台，以及相关互联网技术的成熟与普及，我国新媒体行业将迎来黄金发展期，未来市场前景十分可观。而随着行业的迅速崛起，行业对新媒体人才的需求进一步扩大，传媒人才应坚持"互联网+"思维，积极拥抱互联网，做互联网界的"弄潮儿"。

在新媒体行业的发展过程中，行业对运营人才的需求最大。新媒体行业对人才的需求主要集中在运营方面，其主要工作集中在微信公众号、微博、短视频运营方面。设计和文案位列新媒体人才需求的第二梯队之首，表明从事新媒体行业的人应该具备一定的设计和撰写文案的能力。而新媒体人才需求的第三梯队分别为剪辑、拍摄、记者和编导等，均属于传统媒体岗位。

在新媒体运营、前端开发工程师、算法工程师、UI设计师、数据分析师五大新兴职业中，新媒体运营的入行门槛最低，目前从事这一职业的人员主要由记者、运营、文案策划、编辑等内容工作者转行而来，并以生产优质内容为核心。而对其他四大职业的需求主要与互联网时代下智能终端的普及、AI的兴起与应用（如AI+营销）、智能交互体验升级、大数据的应用等密切相关。以UI设计师为例，无论是改进App、开发网站，还是让产品更贴合用户习惯等，都需要UI设计师对交互界面进行合理的规划与设计，从而提高用户体验感和满意度。

6. 引导问题

引导问题1：请同学们通过招聘网站查找新媒体运营岗和新媒体编辑岗岗位职责的区别，

并写在下面的横线上。

_____

_____

_____

引导问题 2：如果你要应聘新媒体专员和新媒体文案策划的岗位，请通过 BOSS 直聘网查询任职这两个岗位需要具备的技能。

_____

_____

_____

引导问题 3：请打开招聘网站（如智联招聘、猎聘网、拉勾招聘等）并搜索新媒体活动策划岗，尝试分析任职该岗位需要具备的主要技能。

_____

_____

_____

引导问题 4：请通过 BOSS 直聘网查询新媒体文案编辑岗的任职要求，并写在下面的横线上。

_____

_____

_____

引导问题 5：通过 BOSS 直聘网查找新媒体编辑岗的任职要求，试分析这个岗位对知识、能力、职业素养的要求。请将查找和分析的结果写在下面的横线上。

知识要求汇总。

_____

_____

_____

能力要求汇总。

_____

_____

_____

职业素养要求汇总。

_____

_____

_____

7．课后作业

（1）请规划自己的职业方向并制订本课程的学习计划。

（2）请通过互联网工具，查询新媒体相关岗位的发展前景，并从薪资待遇、岗位需求、技能要求、学历要求等方面进行分析。

8．学习评价

请学生通过表 1-7 和表 1-8 分别对自己和教师进行公平公正的评价，完成学生活动过程自评表和教师评价表。教师根据评分情况调整教学策略。

表 1-7　学生活动过程自评表

班级		姓名		日期	
评价指标	评价内容			分数	分数评定
信息检索	是否能有效利用网络、图书资源、工作手册查找相关信息；是否能用自己的语言有条理地解释、表述所学知识；是否能将查到的信息有效地传递到工作中			10 分	
感知工作	是否熟悉工作岗位，认同工作价值；在工作中是否能获得满足感			10 分	
参与态度	是否积极主动地参与工作，吃苦耐劳，崇尚劳动光荣、技能宝贵；与教师、同学之间是否相互尊重、理解；与教师、同学之间是否能保持多向、丰富、适宜的信息交流			10 分	
	是否能做到探究式学习、自主学习而不流于形式，处理好合作学习和独立思考的关系，做到有效学习；是否能提出有意义的问题或能发表个人见解；是否能按要求正确操作；是否能倾听别人的意见，协作共享			10 分	
学习方法	使用的学习方法是否合适；是否有工作计划；操作技能是否符合规范要求；是否能按要求正确操作；是否获得了进一步学习的能力			10 分	

续表

班级		姓名		日期	
评价指标		评价内容		分数	分数评定
工作过程		是否遵守管理规程和教学要求；平时上课的出勤情况和每天工作任务的完成情况；是否善于从多角度分析问题，能主动发现、提出有价值的问题		15 分	
思维态度		是否能发现问题、提出问题、分析问题、解决问题		10 分	
自评反馈		是否能按时按质完成工作任务；是否较好地掌握了专业知识点；是否具有较强的信息分析能力和理解能力；是否具有较为全面、严谨的思维能力并能条理清晰地表达成文		25 分	
自评分数					
有益的经验和做法					
总结反馈					

表 1-8　教师评价表

专业		班级		姓名	
出勤情况					
评价内容	评价要点	考查要点		分数	分数评定
1. 任务描述	口述内容细节	（1）表述仪态自然、吐字清晰		2 分	表述仪态不自然或吐字模糊扣 1 分
		（2）表达思路清晰、层次分明、准确			表达思路模糊或层次不清扣 1 分
2. 任务分析及分组分工情况	依据任务分析知识、分组分工	（1）分析任务关键点准确		3 分	表达思路模糊或层次不清扣 1 分
		（2）涉及理论知识完整，分组分工明确			知识不完整扣 1 分，分工不明确扣 1 分
3. 制订计划	时间	完成任务的时间安排是否合理		5 分	完成任务时间过长或过短扣 1 分
	分组	人员分组是否合理		10 分	分组人数过多或过少扣 1 分
4. 计划实施	准备	（1）分析问题		3 分	无，扣 1 分
		（2）解决问题			无，扣 1 分
		（3）检查任务完成情况			无，扣 1 分
		（4）点评		2 分	无，扣 2 分
合　计				25 分	

扫码看视频

任务 2　认知新媒体工具

1．任务描述

通过互联网查询常见的新媒体工具，如文字编辑工具、视频编辑工具、图片编辑工具、新媒体运营工具、数据分析工具、图文排版工具，并列举这些新媒体工具的功能。

2．学习目标

（1）能够说出每类新媒体工具（文字编辑工具、视频编辑工具、图片编辑工具、新媒体运营工具、数据分析工具、图文排版工具）至少两种具体的工具，正确率 100%；

（2）能够说出两种具体的文字编辑工具的功能，正确率 100%；

（3）能够默写两种具体的视频编辑工具的功能，正确率 100%；

（4）能够默写两种具体的图片编辑工具的功能，正确率 100%；

（5）能够说出两种具体的新媒体运营工具的功能，正确率 90%；

（6）能够说出两种具体的数据分析工具的功能，正确率 90%；

（7）会下载 6 类新媒体工具（文字编辑工具、视频编辑工具、图片编辑工具、新媒体运营工具、数据分析工具、图文排版工具）的手机版软件，并能注册电脑版账号。

3．思政要点

通过小组合作完成任务，培养学生的合作精神；鼓励学生沟通交流，培养学生的表达能力；引导学生使用互联网工具查询重点问题，培养学生的探索精神和创新精神；通过学习评价培养学生真诚、客观、公正的态度。

4．任务分析

分任务 1：分析新媒体运营岗的工作职责，可知该岗位的主要工作内容是文字编辑、版面优化、选题策划、短视频制作、热点分析、账号维护等。在实际工作中，灵活使用多种新媒体工具可以达到事半功倍的效果，完成这些工作需要学会使用哪些工具呢？请根据表 1-9 填写各种新媒体工具的功能。

表 1-9　新媒体工具及功能任务单

工具类别	工具名称	功能
文字编辑工具	讯飞语记	
	AI 识图	
	石墨文档	
	幕布	
视频编辑工具	剪映	
	字说	
	趣推	
	屏幕录制	
	快剪辑	

续表

工具类别	工具名称	功能
图片编辑工具	创客贴	
	长图工具	
	九宫格	
	动图工具	
	表情包工具	
新媒体运营工具	H5 制作工具	
	运营小程序	
	互动吧	
	新浪热搜	
	西瓜助手	
数据分析工具	蝉妈妈	
	清博大数据	
	抖查查	
	飞瓜数据	
	新榜数据	
图文排版工具	135 编辑器	
	秀米	
	96 编辑器	
	易企秀	
	兔展	

分任务 2：为了提供更好的用户体验，新媒体工具几乎都会定期更新。例如，某短视频编辑工具在 2019 年 7 月 13 日到 18 日期间更新了 4 个版本。面对日新月异的新媒体工作环境，请小组讨论应该如何应对版本升级问题。

学习小提示

　　学习方法建议：自主预习，合作学习，探究学习。

　　学习平台：微信小程序、清博大数据等。

　　学习理念：学而不思则罔，思而不学则殆。树立终身学习理念。

5. 知识链接

作为新媒体工作人员，学会使用各类新媒体工具可以极大地提高工作效率，常用的新媒体工具主要分为 6 大类，分别为文字编辑工具、视频编辑工具、图片编辑工具、新媒体运营工具、数据分析工具、图文排版工具。

（1）文字编辑工具：指的是新媒体运营者在发表文字类信息时，使用的提高撰写、排版、编辑等效率的工具。例如讯飞语记、石墨文档、文字云排版等。

工作中经常遇到这样的情景，在做会议记录时，为了快速地记录文字，通常会先将会议内容录制下来，然后将录音转换成文字，或者直接将声音转换成文字，这就需要使用专门的软件进行处理了，例如讯飞语记或华为手机"备忘录"中的语音转文字功能。有时需要从图片中提取文字，新媒体运营者可以使用 QQ 聊天窗口或讯飞语记快速地识别图片中的文字，讯飞语记界面如图 1-1 所示，华为手机"备忘录"中的语音转文字功能界面如图 1-2 所示。

图 1-1　讯飞语记界面　　　　图 1-2　华为手机"备忘录"中的语音转文字功能界面

（2）视频编辑工具：指的是新媒体运营者在使用视频形式传播信息时，使用的拍摄、编辑、发布视频的工具。例如 KK 录像机、字说、趣推、剪映等。新媒体运营者可以从手机的应用商场（或称应用商店）下载相应的视频编辑 App，剪映也有电脑版，使用更方便。字说 App 界面如图 1-3 所示，剪映 App 界面如图 1-4 所示。

图 1-3　字说 App 界面　　　　图 1-4　剪映 App 界面

（3）图片编辑工具：指的是新媒体运营者在进行活动策划和推广时，使用的图片类信息的编辑、制作工具。长图拼接、九宫格、动图等都需要使用图片编辑工具。

创客贴是一款修图软件，可以使用计算机打开其官网首页进行注册，登录后就可以使用了。这款软件可以帮助广大用户随时随地进行修图，特别是对二次元动漫爱好者而言，它有海量素材，用户可以根据自己的喜好编辑图片，在原图上添加表情与贴纸，让原图更加生动、可爱。创客贴页面如图 1-5 所示。

图 1-5 　创可贴页面

（4）新媒体运营工具：指的是新媒体运营者在日常活动策划、执行等过程中，为提高工作效率、促进粉丝互动而使用的实用小工具。例如码上游二维码生成器、问卷工具、短网址、热点获取工具、互动吧等。码上游二维码生成器可以轻松生成图片、音频、视频的二维码，码上游二维码生成器首页如图 1-6 所示。

图 1-6 　码上游二维码生成器首页

（5）数据分析工具：指的是在运营过程中，用于分析账号数据和平台数据的网站，例如飞瓜数据、蝉妈妈、清博大数据、抖查查、新榜大数据等。新媒体运营者可以根据数据分析结果进行决策。

飞瓜数据是一款短视频及直播数据查询、运营及广告投放效果监控的专业工具，提供短视频达人查询等数据服务，并提供多维度的抖音、快手达人榜单排名，以及电商数据、直播推广等实用功能。飞瓜数据首页如图 1-7 所示。

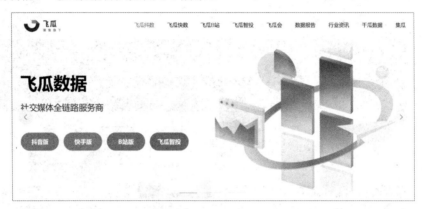

图 1-7　飞瓜数据首页

飞瓜数据可以实时更新行业排行榜、涨粉排行榜、成长排行榜、地区排行榜、蓝 V 排行榜等，快速寻找优质、活跃的抖音账号，了解不同领域 KOL 的详情信息，明确账号定位、受众喜好、内容方向；分析账号运营数据，生成用户画像，分析粉丝活跃时间，使新媒体运营者更好地了解用户的观看习惯，并同步列出近期的电商带货数据和热门推广视频，通过大数据分析账号的带货实力；账号实时数据监控，实时记录主播在 24 小时内的粉丝、点赞、转发和评论的增长情况，纵向对比近期的运营数据，帮助新媒体运营者快速发现流量变化情况，更好地把控视频运营的时机。

（6）图文排版工具：指的是对新媒体文章的版式进行加工、设计的工具。例如秀米、135编辑器、96 编辑器、易企秀、兔展等。

秀米具有图文排版功能和 H5 制作功能，秀米的图文排版功能提供原创模板素材，精选风格排版，独一无二的排版方式让用户设计出只属于自己的图文。秀米的 H5 制作功能具有丰富的页面模板和独有的秀米组件，无论是多页场景 H5，还是长页图文 H5，都能快速制作。秀米首页如图 1-8 所示。

图 1-8　秀米首页

　　在学习使用各类工具的同时，新媒体运营者还需要有针对性地培养自己的 3 大能力。

　　（1）网络搜索能力。任何网站或工具都有可能关闭，新媒体工作却不能因为某款工具的关闭而受到影响。当新媒体运营者发现无法正常使用某款工具时，需要在合适的平台搜索相关关键词，并快速找到替代品。

　　例如，当某款图片编辑工具无法使用时，新媒体运营者可以在应用商城、App Store、应用宝等平台使用"制图""作图""图片制作"等关键词搜索并挖掘新工具，在应用商城使用"作图"关键词查找图片编辑工具如图 1-9 所示。

图 1-9　在应用商城使用"作图"关键词查找图片编辑工具

　　（2）横向迁移能力。当新的工具出现时，新媒体运营者需要运用现有的工具应用能力，第一时间适应新工具，并掌握应用技巧。

　　（3）深度应用能力。当前工具的功能边际逐渐模糊，纯粹的聊天工具、写作工具、制图工具等逐渐变为既能聊天又能制作视频的工具、既能写作又能排版的工具、既能制图又能社交的工具等。

　　新媒体运营者除了需要学习新媒体工具及其应用，也需要继续挖掘其差异化功能，将新媒体工具的作用发挥到极致。

6．引导问题

　　引导问题 1：请在手机的应用商城搜索"拼图工厂""手机抠图大师""KK 录像机""抖音""今日头条"，并下载、安装到手机端，简单写出它们的功能。

_____

_____

　　引导问题 2：请使用字说 App 的文字转语言功能制作一个短视频，并保存到手机相册，简单描述制作过程。

_____

_____

7．课后作业

（1）请列举几款有代表性的新媒体文字编辑工具、视频编辑工具、图片编辑工具、新媒体运营工具。

（2）通过互联网查询如何通过网址一键生成二维码。

8．学习评价

请学生通过表1-10和表1-11分别对自己和教师进行公平公正的评价，完成学生活动过程自评表和教师评价表。教师根据评分情况调整教学策略。

表 1-10　学生活动过程自评表

班级		姓名		日期	
评价指标	评价内容			分数	分数评定
信息检索	是否能有效利用网络、图书资源、工作手册查找相关信息；是否能用自己的语言有条理地解释、表述所学知识；是否能将查到的信息有效地传递到工作中			10分	
感知工作	是否熟悉工作岗位，认同工作价值；在工作中是否能获得满足感			10分	
参与态度	是否积极主动地参与工作，吃苦耐劳，崇尚劳动光荣、技能宝贵；与教师、同学之间是否相互尊重、理解；与教师、同学之间是否能保持多向、丰富、适宜的信息交流			10分	
	是否能做到探究式学习、自主学习而不流于形式，处理好合作学习和独立思考的关系，做到有效学习；是否能提出有意义的问题或能发表个人见解；是否能按要求正确操作；是否能倾听别人的意见、协作共享			10分	
学习方法	使用的学习方法是否合适；是否有工作计划；操作技能是否符合规范要求；是否能按要求正确操作；是否获得了进一步学习的能力			10分	
工作过程	是否遵守管理规程和教学要求；平时上课的出勤情况和每天工作任务的完成情况；是否善于从多角度分析问题，能主动发现、提出有价值的问题			15分	
思维态度	是否能发现问题、提出问题、分析问题、解决问题			10分	
自评反馈	是否按时按质完成工作任务；是否较好地掌握了专业知识点；是否具有较强的信息分析能力和理解能力；是否具有较为全面、严谨的思维能力并能条理清晰地表达成文			25分	
自评分数					
有益的经验和做法					
总结反馈					

表 1-11 教师评价表

专业		班级		姓名	
出勤情况					
评价内容	评价要点	考查要点		分数	分数评定
1. 任务描述	口述内容细节	（1）表述仪态自然、吐字清晰		2分	表述仪态不自然或吐字模糊扣1分
		（2）表达思路清晰、层次分明、准确			表达思路模糊或层次不清扣1分
2. 任务分析及分组分工情况	依据任务分析知识、分组分工	（1）分析任务关键点准确		3分	表达思路模糊或层次不清扣1分
		（2）涉及理论知识完整，分组分工明确			知识不完整扣1分，分工不明确扣1分
3. 制订计划	时间	完成任务的时间安排是否合理		5分	完成任务时间过长或过短扣1分
	分组	人员分组是否合理		10分	分组人数过多或过少扣1分
4. 计划实施	准备	（1）分析问题		3分	无，扣1分
		（2）解决问题			无，扣1分
		（3）检查任务完成情况			无，扣1分
		（4）点评		2分	无，扣2分
合 计				25分	

请学生结合本单元的内容和学习情况，在表 1-12 中完成学习总结，找出自己薄弱的地方加以巩固。

表 1-12 学习总结

学习时间		姓名	
我学会的知识			
我学会的技能			
我素质方面的提升			
我需要提升的地方			

单元 2

新媒体文字处理技术

学前提示

　　　　新媒体编辑或新闻编辑通常需要处理大量的文字，例如在会议过程中为了快速记录会议内容，通常使用新媒体工具将音频转换成文字，或者从图片中提取需要的文字。为了快速出稿，使用新媒体工具让多人同时编辑一篇文章也是常有的事。

　　　　本单元需要完成 3 个任务，让同学们学会处理以下问题：一是使用讯飞语记 App，将名为"泉城济南"的音频转换成文字，保存为 Word 文档；二是使用"识字拍图"小程序，从图片中提取文字"宪法宣誓誓词"，保存为 Word 文档；三是小组合作使用石墨文档编辑班级通讯录。

任务 1　使用讯飞语记 App 将"泉城济南.mp4"音频转文字

1. 任务描述

扫码看视频

使用手机扫描如图 2-1 所示的音频文件二维码获取音频文件,并从中提取文字。将音频文件保存到手机中。下载并安装讯飞语记 App,使用"外部录音转写"功能将音频转换成文字,并以 Word 文档的格式保存到手机中。

图 2-1　音频文件二维码

2. 学习目标

(1)能从指定网站下载素材,且能保存到指定的位置,正确率 100%;

(2)会使用手机下载并安装讯飞语记 App;

(3)会使用讯飞语记 App 中的"外部录音转写"功能,能对文字进行校对;

(4)能将转换后的文字转存为 Word 文档并保存,正确率 100%;

(5)了解讯飞语记 App 和 Word 软件的操作规范,具备新媒体工作人员的敬业精神,精益求精的质量意识,能得到正确的文本。

3. 思政要点

通过本任务,引导学生自主完成任务,培养学生分析问题、解决问题的能力和探索新事物的精神;通过对文字进行校对,培养学生精益求精的工匠精神。

4. 任务分析

1)任务表单

对照表 2-1 任务单的任务内容和使用工具,完成本任务实训。将完成情况填写在表 2-1 中。

表 2-1　任务单

序号	任务内容	使用工具	合格性判断	完成情况
1	下载讯飞语记 App	手机	下载并安装 完成	
2	将"泉城济南.mp4"音频保存到手机中	计算机 手机	转存完成	

续表

序号	任务内容	使用工具	合格性判断	完成情况
3	打开讯飞语记 App，选择"外部录音转写"功能，从手机文件中选择音频文件，并转换成文字	手机	识别完成	
4	校对、识别文字，将文字以 Word 文档的格式保存到手机中	手机	识别并保存完成	

2）技术难点

（1）下载并安装讯飞语记 App；

（2）使用讯飞语记 App 中的"外部录音转写"功能；

（3）将文字以 Word 文档的格式保存到手机中。

学习小提示

学习方法建议：自主预习，探究学习。

学习平台：讯飞语记 App。

学习理念：给学生一片蓝天，他们会让它繁星点点；给学生一片绿地，他们会让它春色满园。

5. 知识链接

讯飞语记是一款"说话就能变文字并进行输入"的云笔记 App，在写文章、做采访、做会议记录等场景下均可使用。讯飞语记 App 支持普通话、英语、粤语输入，准确率高达 98%，会员可以长时间输入语音，输入时长可以长达 2 小时。

对新媒体运营者而言，讯飞语记 App 的价值主要体现在 3 个方面。

第一，快速记录、整理文字。例如，新媒体运营者在会议、领导讲话或致辞等场合，可以使用讯飞语记 App 快速整理文字记录。使用计算机键盘一般能在 1 分钟内输入 80～150 字，而使用讯飞语记 App 可以在 1 分钟内通过语音输入 400 字，极大地提高了文字记录效率。

讯飞语记 App 快速记录、整理文字的形式有 2 种，第一种是在会议现场直接将语音转换成文字；第二种是录音转化，既可以在进行现场录音的同时将语音转换成文字，也可以导入外部录音并转换成文字。

第二，记录碎片化时间的灵感。当新媒体运营者面对社会新闻或事件，突然产生写作灵感时，可以使用讯飞语记 App 将这些灵感迅速记录下来。此外，在上班的路上、等待或乘坐公交车等时，可以用讯飞语记 App 记录灵感与思路，因为即便在嘈杂的环境中，讯飞语记 App 的识别率也一样很高。

第三，便捷排版。讯飞语记 App 支持图文排版，可以很方便地插入对应的图片，进行简单的排版。

使用讯飞语记 App 前需要先进行下载、安装（可在手机端或计算机端进行下载），随后按照以下 5 个步骤进行操作。

第一步：在手机端完成讯飞语记 App 的下载、安装后，打开 App 并注册、登录。

第二步：单击首页下方中间的"+"按钮新建文档，或者单击话筒按钮直接打开一个新的文档。讯飞语记 App 新建文档界面如图 2-2 所示。

第三步：语音输入。单击右下角的话筒按钮（语音输入），会出现一条运动声波，开始朗读后，声音会同步成文字并呈现在手机屏幕上。声音停顿 3 秒左右，系统会默认朗读结束，录音自动停止，自动在文字段落的末尾生成句号。录音完成后单击右上角的"完成"按钮，语音输入操作界面如图 2-3 所示。

图 2-2　讯飞语记 App 新建文档界面　　　图 2-3　语音输入操作界面

在进行语音输入时，新媒体运营者需要特别注意 3 个细节：首先，讯飞语记 App 可以进行长达 120 分钟不间断的输入，但目前这个功能只对会员开放；其次，在输入过程中如果需要换行，那么可以单击页面右下角换行按钮，这个操作不会影响输入进度，换行完成后依然可以持续进行语音输入；最后，如果在输入过程中需要手动输入文字，那么可以直接单击左下角的铅笔按钮，切换成手动输入模式，对其中的部分内容进行修改。

第四步：保存文档。单击右上角的"完成"按钮即可保存文档，保存完成后既可以将文档分享到微信、QQ、微博等，也可以保存为 Word 文档或 PDF 文档，如果想要保存为 Word 文档，选择"生成 Word"选项即可，如图 2-4 所示。

第五步：网页登录。讯飞语记支持手机端、计算机端同步编辑，方便笔记整理、导出，新媒体运营者可以使用手机号、QQ 账号、微信账号、微博账号登录。

在计算机端登录完成后可以和手机端同步，看到所有的文件，进入文档后可以对文档进行操作，修改文档内容。如果需要新建或查找文档，那么可以单击页面左侧的"+新建"按钮。

在使用讯飞语记 App 时，新媒体运营者还需要注意以下技巧：编辑完文档后，可以单击界面右上角的"…"按钮进行文档分类，并为文档添加标签、设置提醒，将笔记按类别归档，如图2-5所示。

图 2-4　选择"生成 Word"选项　　　　　图 2-5　文档分类

此外，讯飞语记 App 还有很多其他的功能，能给新媒体运营者带来更便捷的体验。

单击文章下方工具栏中的"+"按钮，就可以在文章中添加图片、链接、附件等。讯飞语记 App 能够基本满足新媒体运营者对文章排版工作的需求，让新媒体运营者使用手机就可以快速编辑出一篇图文并茂的文章，大大提高工作效率。文档编辑界面如图2-6所示。

图 2-6　文档编辑界面

6. 引导问题

引导问题 1：本任务提供的音频文件是如何转存到手机文件夹的？

_____

_____

_____

引导问题 2：讯飞语记 App 的主要功能有哪几个？

_____

_____

_____

引导问题 3：在音频转文字的过程中，讯飞语记 App 对文件大小有限制吗？

_____

_____

引导问题 4：对于识别出的文字，讯飞语记 App 可以将其转存为哪几种格式？

_____

_____

引导问题 5：试分析"录音速记"和"语音输入"功能的区别。

_____

_____

_____

引导问题 6：讯飞语记 App 的"文字识别"功能可以识别手写字体吗？

_____

_____

引导问题 7：讯飞语记 App 具有排版和编辑功能，除了插入图片、链接和音频，能插入视频文件吗？

_____

_____

7．课后作业

（1）找一段文字进行朗读，使用讯飞语记 App 记录下来并转换成文字，练习转行、纠错、保存等操作。

（2）通过互联网查询其他能将音频转换成文字的软件。

8．学习评价

请学生通过表 2-2 和表 2-3 分别对自己和教师进行公平公正的评价，完成学生活动过程自评表和教师评价表。教师根据评分情况调整教学策略。

表 2-2　学生活动过程自评表

班级		姓名		日期	
评价指标	评价内容			分数	分数评定
信息检索	是否能有效利用网络、图书资源、工作手册查找相关信息；是否能用自己的语言有条理地解释、表述所学知识；是否能将查到的信息有效地传递到工作中			10 分	
感知工作	是否熟悉工作岗位，认同工作价值；在工作中是否能获得满足感			10 分	
参与态度	是否积极主动地参与工作，吃苦耐劳，崇尚劳动光荣、技能宝贵；与教师、同学之间是否相互尊重、理解；与教师、同学之间是否能保持多向、丰富、适宜的信息交流			10 分	
	是否能做到探究式学习、自主学习而不流于形式，处理好合作学习和独立思考的关系，做到有效学习；是否能提出有意义的问题或能发表个人见解；是否能按要求正确操作；是否能倾听别人的意见、协作共享			10 分	
学习方法	使用的学习方法是否合适；是否有工作计划；操作技能是否符合规范要求；是否能按要求正确操作；是否获得了进一步学习的能力			10 分	
工作过程	是否遵守管理规程和教学要求；平时上课的出勤情况和每天工作任务的完成情况；是否善于从多角度分析问题，能主动发现、提出有价值的问题			15 分	
思维态度	是否能发现问题、提出问题、分析问题、解决问题			10 分	
自评反馈	是否按时按质完成工作任务；是否较好地掌握了专业知识点；是否具有较强的信息分析能力和理解能力；是否具有较为全面、严谨的思维能力并能条理清晰地表达成文			25 分	
自评分数					
有益的经验和做法					
总结反馈					

表 2-3　教师评价表

专业		班级		姓名	
出勤情况					
评价内容	评价要点	考查要点		分数	分数评定
1. 任务描述	口述内容细节	（1）表述仪态自然、吐字清晰		2 分	表述仪态不自然或吐字模糊扣 1 分
		（2）表达思路清晰、层次分明、准确			表达思路模糊或层次不清扣 1 分
2. 任务分析及分组分工情况	依据任务分析知识、分组分工	（1）分析任务关键点准确		3 分	表达思路模糊或层次不清扣 1 分
		（2）涉及理论知识完整，分组分工明确			知识不完整扣 1 分，分工不明确扣 1 分
3. 制订计划	时间	完成任务的时间安排是否合理		5 分	完成任务时间过长或过短扣 1 分
	分组	人员分组是否合理		10 分	分组人数过多或过少扣 1 分
4. 计划实施	准备	（1）分析问题		3 分	无，扣 1 分
		（2）解决问题			无，扣 1 分
		（3）检查任务完成情况			无，扣 1 分
		（4）点评		2 分	无，扣 2 分
合　计				25 分	

任务 2　使用微信小程序提取图片文字"宪法宣誓誓词"

1．任务描述

扫码看视频

从微信中打开"识字拍图"小程序，选择"识别印刷字"功能，导入待识别的图片，如图 2-7 所示，并提取图片中的文字，保存为 Word 格式并发送到邮箱。

图 2-7　待识别的图片

2．学习目标

（1）会根据关键词在微信上查找微信小程序；

（2）会使用"识字拍图"小程序的"识别印刷字"功能和"图片翻译"功能；

（3）会识别印刷字和表格图片；

（4）能探索并使用"识字拍图"小程序的其他功能；

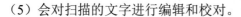

（5）会对扫描的文字进行编辑和校对。

3. 思政要点

通过本任务，引导学生遵守宪法，弘扬社会主义法治精神；在使用"识字拍图"小程序时，引导学生遵守操作规范，培养职业精神；通过对文字的校对，培养学生的质量意识和精益求精的工匠精神。

4. 任务分析

1）任务表单

对照任务单的任务内容和使用工具，完成本任务实训，任务单如表 2-4 所示。

表2-4　任务单

序号	任务内容	使用工具	合格性判断	完成情况
1	打开微信，搜索"识字拍图"小程序	手机	确认打开	
2	选择"识别印刷字"功能，选择"拍照"选项，拍摄课本上的待识别图片，单击"下一步"按钮，对拍摄的图片进行裁剪，单击"开始识别"按钮	手机	拍摄完成 修图完成 识别完成	
3	修改编辑框内的文字，无错误后，导出文档	手机	校对文字无误	
4	导出 Word 文档，输入邮箱或复制链接到浏览器下载即可	手机	导出完成	

2）技术难点

查找"识字拍图"小程序；拍摄和裁剪图片；提取与校对文字；使用指定的格式保存文字。

学习小提示

> 学习方法建议：自主预习，探究学习。
> 学习平台：微信、"识字拍图"微信小程序。
> 学习理念：给学生一片蓝天，他们会让它繁星点点；给学生一片绿地，他们会让它春色满园。

5. 知识链接

新媒体运营者在撰写规则解读、制度盘点等文章时，经常会遇到"只有一张照片，文字全部在照片里"的情况。此时，如果直接手动输入文字，那么效率极低。新媒体运营者可以借助"识字拍图"小程序，或者 QQ 聊天对话框中的"提取图中文字"功能提取图片中的文字。两者既可以使用手机进行操作，也可以使用计算机进行操作。

微信小程序简称小程序，英文名为 Mini Program，是一种不需要下载和安装即可使用的应用，它实现了应用"触手可及"的梦想，用户扫一扫或搜一搜即可打开并使用小程序。

"识字拍图"是一个文字识别工具，包含"识别印刷字""识别手写字""识别表格图片"等功能，不仅可以准确识别文字，而且操作简单，占内存小。

使用"识字拍图"小程序进行文字识别，分为 6 个步骤，具体如下。

第一步：在手机端的微信搜索栏中输入"识字拍图"，查找并进入小程序。

第二步：在"识字拍图"小程序主界面中可以看到"识别印刷字""识别手写字""识别表格图片"3 个选项，如图 2-8 所示。

第三步：选择"识别印刷字"选项，用户既可以从相册中选择图片，也可以拍照或导入微信聊天图片，如图 2-9 所示。

图 2-8　"识字拍图"小程序主界面　　　　　图 2-9　导入图片

第四步：单击"图片裁剪"按钮，图片四角分别有一个控制点，可以随意拖动。将图片精准调整到需要识别的部分后，单击"裁剪"按钮，裁切图片如图 2-10 所示。用户也可以对图片进行旋转。

第五步：单击"开始识别"按钮。用户可以对识别出来的文字进行编辑，修改错别字或调整段落，编辑文字如图 2-11 所示。

图 2-10　裁切图片　　　　　　　　图 2-11　编辑文字

第六步：文档导出。用户可以将识别出来的文字导出为 Word 文档，同步到计算机或分享给微信好友，"文档导出"按钮如图 2-12 所示。

此外，用户既可以选择"导出 Word"选项，直接得到 Word 文档，也可以单击"复制 word 下载链接"按钮或"发到邮箱"按钮。将文档导出到邮箱如图 2-13 所示。

图 2-12　"文档导出"按钮　　　　　　图 2-13　将文档导出到邮箱

6. 引导问题

引导问题 1："识字拍图"小程序的主要功能有哪几个？

_____

_____

_____

引导问题 2："识字拍图"小程序有哪几种获取图片的方法？

_____

_____

引导问题 3：可以使用"识字拍图"小程序的"识别表格图片"功能，把识别的表格分享给微信好友吗？

_____

_____

_____

引导问题 4：如何使用"识字拍图"小程序中的"图片翻译"功能？

_____

_____

_____

引导问题 5：如何使用"识字拍图"小程序中的"识别手写字"功能？

_____

_____

引导问题 6：请简单描述使用 QQ 提取图片中的文字的过程。

_____

_____

_____

7．课后作业

（1）找一个表格，使用"识字拍图"小程序的"识别表格图片"功能对表格进行识别，将结果分享给你的微信好友。

（2）找一张具有中文文字的图片，使用"识字拍图"小程序的"图片翻译"功能，将中文翻译成英文，并保存为 Word 文档。

8．学习评价

请学生通过表 2-5 和表 2-6 分别对自己和教师进行公平公正的评价，完成学生活动过程自评表和教师评价表。教师根据评分情况调整教学策略。

表 2-5　学生活动过程自评表

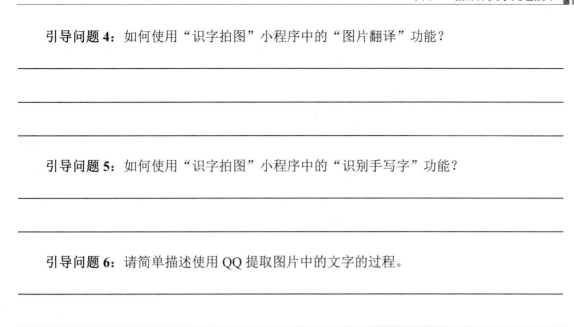

班级		姓名		日期	
评价指标	评价内容			分数	分数评定
信息检索	是否能有效利用网络、图书资源、工作手册查找相关信息；是否能用自己的语言有条理地解释、表述所学知识；是否能将查到的信息有效地传递到工作中			10 分	
感知工作	是否熟悉工作岗位，认同工作价值；在工作中是否能获得满足感			10 分	
参与态度	是否积极主动参与工作，吃苦耐劳，崇尚劳动光荣，技能宝贵；与教师、同学之间是否相互尊重、理解；与教师、同学之间是否能保持多向、丰富、适宜的信息交流			10 分	
	是否能做到探究式学习、自主学习而不流于形式，处理好合作学习和独立思考的关系，做到有效学习；是否能提出有意义的问题或能发表个人见解；是否能按要求正确操作；是否能够倾听别人的意见、协作共享			10 分	
学习方法	使用的学习方法是否合适；是否有工作计划，操作技能是否符合规范要求；是否能按要求正确操作；是否获得了进一步学习的能力			10 分	

班级		姓名		日期	
评价指标		评价内容		分数	分数评定
工作过程		是否遵守管理规程和教学要求；平时上课的出勤情况和每天工作任务的完成情况；是否善于从多角度分析问题，能主动发现、提出有价值的问题		15分	
思维态度		是否能发现问题、提出问题、分析问题、解决问题		10分	
自评反馈		是否按时按质完成工作任务；是否较好地掌握了专业知识点；是否具有较强的信息分析能力和理解能力；是否具有较为全面、严谨的思维能力并能条理清晰地表达成文		25分	
自评分数					
有益的经验和做法					
总结反馈					

表2-6 教师评价表

专业		班级		姓名	
出勤情况					
评价内容	评价要点	考查要点		分数	分数评定
1. 任务描述	口述内容细节	（1）表述仪态自然、吐字清晰		2分	表述仪态不自然或吐字模糊扣1分
		（2）表达思路清晰、层次分明、准确			表达思路模糊或层次不清扣1分
2. 任务分析及分组分工情况	依据任务分析知识、分组分工	（1）分析任务关键点准确		3分	表达思路模糊或层次不清扣1分
		（2）涉及理论知识完整，分组分工明确			知识不完整扣1分，分工不明确扣1分
3. 制订计划	时间	完成任务的时间安排是否合理		5分	完成任务时间过长或过短扣1分
	分组	人员分组是否合理		10分	分组人数过多或过少扣1分
4. 计划实施	准备	（1）分析问题		3分	无，扣1分
		（2）解决问题			无，扣1分
		（3）检查任务完成情况			无，扣1分
		（4）点评		2分	无，扣2分
合　计				25分	

任务 3　使用石墨文档多人同步编辑"班级通讯录"表格

1．任务描述

扫码看视频

在百度搜索"石墨文档"进入石墨文档官网，用手机号登录，创建一个名为"×××班级通讯录"的表格，如表 2-7 所示，由组长邀请小组成员一起编辑表格内容，编辑完成后将链接分享给任课教师。

表 2-7　×××班级通讯录

序号	姓名	学号	手机号
1			
2			
3			
4			
5			
6			
7			
8			
9			

2．学习目标

（1）能够使用手机号码在计算机端登录石墨文档；

（2）能够新建文档、表格、幻灯片等，能够通过搜索账号或通过链接邀请协作者；

（3）能够对文档进行排版和美化；

（4）能够把编辑好的文档公开发布。

3．思政要点

通过本任务，培养学生的团队合作精神、探索精神、创新精神。课后作业利用石墨文档绘制中国地图，引导学生热爱祖国，维护祖国领土完整。

4．任务分析

1）任务表单

对照表 2-8 任务单的任务内容和使用工具，完成本任务实训，并将完成情况填在表 2-8 中。

表 2-8　任务单

序号	任务内容	使用工具	合格性判断	完成情况
1	使用计算机打开石墨文档官网	计算机	确认打开	
2	通过个人手机号码登录石墨文档	计算机	登录成功	

续表

序号	任务内容	使用工具	合格性判断	完成情况
3	组长制作表格，并对文档命名、保存，通过"复制链接邀请"的方式添加小组成员（不超过5人）	计算机	制作完成且添加成功	
4	小组成员协助完成表格，并将链接分享给任课教师	计算机	编辑完成且分享成功	

2）技术难点

注册石墨文档账号；添加协作者；编辑和美化表格。

学习小提示

学习方法建议：自主预习，探究学习。

学习平台：石墨文档网站、微信平台。

教育理念：教育的每一个细节都是影响孩子终身的大事。

5. 知识链接

石墨文档是全新一代文档在线编辑工具，支持多人同时协作，可共同编辑文档、表格、幻灯片，还支持跨平台编辑。

石墨文档的功能如下。

（1）支持多人在线编辑文档、表格、幻灯片；

（2）支持自动保存编辑历史，可一键还原；

（3）支持根据不同协作者开放不同的权限；

（4）支持通过二维码、链接将文档分享给好友，实时播放；

（5）支持思维导图、表单、互动白板，在音视频连线时也能同步呈现结果。

使用石墨文档的用户主要有两种角色：创建者和协作者。

1）创建者：撰写文章并添加协作者

第一步：使用计算机注册并登录石墨文档后，在石墨文档首页单击"创建"按钮，可以创建文档、表格、幻灯片、传统文档、应用表格等，如图2-14所示。或者在已有文档的左上方单击"+"按钮，如图2-15所示，选择要创建的文档类型，撰写文章并保存，保存时文档上方出现"自动同步成功"的字样即表示保存成功。

第二步：添加协作者，单击文档右上方的"协作"按钮，在搜索框中输入协作者的账号，查找协作者并将其权限设置为"可以编辑"，如图2-16所示。还有一种方法就是通过链接添加协作者，开启"通过链接添加协作"功能，将链接地址复制给协作者，将"链接权限"设置为"可以编辑"，如图2-17所示。协作者收到链接即可进入编辑页面并编辑文档。

图 2-14 单击"创建"按钮

图 2-15 单击"+"按钮

图 2-16 添加协作者

图 2-17　通过链接添加协作

第三步：将文档链接分享给其他人员编辑。单击文档右上方的"分享"按钮，即可看到"邀请协作""公开发布"两个选项。如果选择"公开发布"选项，那么任何人都可以编辑文档；如果选择"邀请写作"选项，那么只有在被邀请后才能编辑文档，如图 2-18 所示。

图 2-18　分享石墨文档链接

2）协作者：沟通思路并同步编辑

在计算机上登录石墨文档后，会有协同编辑文档提醒，单击后即可进入编辑页面，计算机会自动保存编辑的内容，协作者的编辑页面如图 2-19 所示。

图 2-19　协作者的编辑页面

　　基础版石墨文档只能 5 人同时操作，如果超出 5 人，那么需要升级石墨文档，购买个人高级版或企业版石墨文档。购买个人高级版或企业版石墨文档后，管理者即可将其他成员添加到相应的文档里，实现多人同时操作文档。

　　石墨文档拥有简单的文档编辑页面，在功能区中可以设置标题、字体、加粗、斜体、颜色、列表、对齐、表格、插图等，具有实时保存、查看历史版本、多人协作等功能。

　　用户可以将文档分享给好友或陌生人，只需要拥有一个链接，就能让任何人打开这个链接并进行编辑。

6. 引导问题

引导问题 1：在计算机端登录石墨文档有几种方法？

_____

_____

_____

引导问题 2：基础版石墨文档最多支持几人协同编辑？

_____

_____

_____

引导问题 3：石墨文档可以创建哪几种类型的文档？

_____

_____

引导问题 4：你还知道哪些协同在线编辑文档的软件？

_____

7. 课后作业

（1）通过腾讯文档创建一个表格，5 人为一组，协同编辑本班的课程表，并分享给任课教师。

（2）通过石墨文档创建一个白板，5 人协同绘制中国地图，文件名为团队名称，完成后分享给任课教师。

8. 学习评价

请学生通过表 2-9 和表 2-10 分别对自己和教师进行公平公正的评价，完成学生活动过程自评表和教师评价表。教师根据评分情况调整教学策略。

表 2-9　学生活动过程自评表

班级		姓名		日期	
评价指标	评价内容			分数	分数评定
信息检索	是否能有效利用网络、图书资源、工作手册查找相关信息；是否能用自己的语言有条理地解释、表述所学知识；是否能将查到的信息有效地传递到工作中			10 分	
感知工作	是否熟悉工作岗位，认同工作价值；在工作中是否能获得满足感			10 分	
参与态度	是否积极主动地参与工作，吃苦耐劳，崇尚劳动光荣、技能宝贵；与教师、同学之间是否相互尊重、理解；与教师、同学之间是否保持多向、丰富、适宜的信息交流			10 分	
	是否能做到探究式学习、自主学习而不流于形式，处理好合作学习和独立思考的关系，做到有效学习；是否能提出有意义的问题或能发表个人见解；是否能按要求正确操作；是否能倾听别人的意见、协作共享			10 分	
学习方法	使用的学习方法是否合适；是否有工作计划；操作技能是否符合规范要求；是否能按要求正确操作；是否获得了进一步学习的能力			10 分	
工作过程	是否遵守管理规程和教学要求；平时上课的出勤情况和每天工作任务的完成情况；是否善于从多角度分析问题，能主动发现、提出有价值的问题			15 分	
思维态度	是否能发现问题、提出问题、分析问题、解决问题			10 分	
自评反馈	是否按时按质完成工作任务；是否较好地掌握了专业知识点；是否具有较强的信息分析能力和理解能力；是否具有较为全面、严谨的思维能力并能条理清晰地表达成文			25 分	
自评分数					
有益的经验和做法					
总结反馈					

表 2-10　教师评价表

专业		班级		姓名	
出勤情况					
评价内容	评价要点	考查要点		分数	分数评定
1. 任务描述	口述内容细节	（1）表述仪态自然、吐字清晰		2 分	表述仪态不自然或吐字模糊扣 1 分
		（2）表达思路清晰、层次分明、准确			表达思路模糊或层次不清扣 1 分
2. 任务分析及分组分工情况	依据任务分析知识、分组分工	（1）分析任务关键点准确		3 分	表达思路模糊或层次不清扣 1 分
		（2）涉及理论知识完整，分组分工明确			知识不完整扣 1 分，分工不明确扣 1 分
3. 制订计划	时间	完成任务的时间安排是否合理		5 分	完成任务时间过长或过短扣 1 分
	分组	人员分组是否合理		10 分	分组人数过多或过少扣 1 分
4. 计划实施	准备	（1）分析问题		3 分	无，扣 1 分
		（2）解决问题			无，扣 1 分
		（3）检查任务完成情况			无，扣 1 分
		（4）点评		2 分	无，扣 2 分
合　计				25 分	

　　请学生结合本单元的内容和学习情况，完成表 2-11 的学习总结，找出自己薄弱的地方加以巩固。

表 2-11　学习总结

学习时间		姓名	
我学会的知识			
我学会的技能			
我素质方面的提升			
我需要提升的地方			

单元 3

新媒体图片处理技术

学前提示

在微博、朋友圈或微信公众号中，我们经常看到漂亮的封面、九宫格或动图，这些图片是如何制作的呢？

本单元通过 3 个任务快速制作新媒体图片：一是使用创客贴完整、快速地制作公众号封面或海报；二是使用微信小程序制作九宫格海报；三是使用 GIF 制作 App 制作动图。

任务 1　使用创客贴制作"八一·感恩守护"微信封面

1．任务描述

使用百度搜索引擎搜索"创客贴",进入创客贴官网,注册并登录该网站,选择"模板中心"→"场景"→"公众号封面首图"→"81 感恩守护八一公众号首图封面"选项,并对其进行编辑,添加山东传媒职业学院 Logo,改变图片的方向和其他文字的位置,保存并下载到本地。任务样张如图 3-1 所示。

图 3-1　任务样张

2．学习目标

(1) 能够使用 3 种以上的方式注册和登录创客贴网站;

(2) 能够根据工作需要检索想要的模板;

(3) 能够创建不同尺寸的空白画布,并根据设计需要添加素材;

(4) 能够设计各种海报、封面等;

(5) 能够将设计微信封面分享到公众号或下载到本地。

3．思政要点

通过本任务,了解八一建军节的历史,引导学生感恩守护我们生活和祖国边疆的军人,培养学生爱国、拥军,有志气、有骨气、有底气,知难而进、迎难而上的精神。引导学生学习强军文化,培育战斗精神。通过练习,培养学生分析问题、解决问题的能力和探索新事物的精神。

4．任务分析

1）任务表单

对照表 3-1 任务单的任务内容和使用工具,完成本任务实训,将完成情况填写在表 3-1 中。

表 3-1　任务单

序号	任务内容	使用工具	合格性判断	完成情况
1	使用计算机注册并登录创客贴网站	计算机	登录成功	
2	在"模板中心"找到"81 感恩守护八一公众号首图封面"	计算机	检索到模板	
3	调整"八一"文字,将其顺时针旋转 25°	计算机	角度正确	
4	添加任何一个图片素材到海报的右上角,尺寸为 100px×78px	计算机	大小正确	
5	选择添加的图片素材,将其替换为学院 Logo	计算机	替换完成	
6	把编辑好的微信封面保存至微信公众号或下载到本地	计算机	下载成功	

2）技术难点

本地素材的导入；图片的替换；文字的编辑；工具的使用；模板的修改；微信封面的下载。

学习小提示

学习方法建议：自主学习，探究学习。

学习平台：创客贴网站、千图网、摄图网、花瓣网等。

教育理念：爱是教学成功的基础，创新是教育的希望。

5. 知识链接

1）获取高质量图片的渠道

好的图片可以吸引用户的注意，提升用户的阅读体验。不过，不少运营新手往往只会简单地通过搜索引擎（如百度、搜狗、360 搜索、必应、雅虎等）搜索图片。这样做一方面搜索到的图片不够清晰，另一方面会有侵权的风险。

高清可商用图片指的是具有高清晰度且有版权授权的图片。在高清可商用图片平台上可以获取多种格式的图片，例如 PSD 源文件、矢量图，以及 AI、CDR、EPS 等格式的高清图片，以满足不同的图片制作需求。新媒体运营者可以在以下网站获取高清可商用图片。

（1）千图网。千图网网站素材分为广告设计、免抠素材、高清图片、电商淘宝、PPT 模板、视频模板、背景、插画绘画、3D 素材、人像图片、字库字体、艺术字、新媒体用图、数字艺术、UI/icon、装饰装修、音乐音效、简历模板、Word 模板、Excel 模板 20 类。千图网首页如图 3-2 所示。

（2）摄图网。摄图网是一家可以免费下载正版摄影高清图片素材的图库作品网站，提供手绘插画、海报、PPT 模板、科技、城市、商务、建筑、风景、美食、家居、外景、背景等好看的图片设计素材供用户下载。摄图网视觉内容涵盖照片、视频、创意背景、设计模板、GIF 动图、免抠元素、办公文档、插画、音乐等大类，为从事创意设计工作的自由职业者、新媒体运营者、企业用户等提供服务。摄图网首页如图 3-3 所示。

图 3-2　千图网首页

图 3-3　摄图网首页

（3）花瓣网。花瓣网是一家"类 Pinterest"网站，是一家基于兴趣的社交分享网站，网站为用户提供了一个简单的采集工具，帮助用户重新组织和收藏自己喜欢的图片。花瓣网首页如图 3-4 所示。

图 3-4　花瓣网首页

（4）昵图网。昵图网是一个原创素材共享平台，图库提供大量摄影、设计等数字化视觉文件。昵图网首页如图 3-5 所示。

图 3-5　昵图网首页

在下载图片时，新媒体运营者需要对图片格式进行选择，以便符合配图要求，常用的图片格式及特点如表 3-2 所示。

表 3-2　常用的图片格式及特点

常用格式	特点
JPG/JPEG	最常用的图片格式，可以直接用于配图，文件尺寸较小，下载速度快，是互联网上使用最广泛的图片格式
PNG	与 JPG 格式类似，网页中很多图片都是这种格式，其压缩比高于 GIF 格式，支持图像透明，可以利用 Alpha 通道调节图像的透明度
GIF	这种格式最大的特点是既可以是静止的图片，也可以是动图，并且支持透明背景图像，适用于多种操作系统，其"体型"很小，互联网上很多小动图都是 GIF 格式
PSD	Photoshop 的专用图像格式，可以保存图片的完整信息，图层、通道、文字都可以被保存，文件一般较大
TIFF	这种格式的特点是图像格式复杂、存储信息多，因为它存储的图像细微层次信息非常多，图像的质量也得以提高，因此非常有利于原稿的复制，很多地方将 TIFF 格式用于印刷
TGA	这种格式的结构比较简单，是一种图形图像数据的通用格式，在多媒体领域有着很大影响，在进行影视编辑时经常使用。例如，先在 3D Studio Max 上输出 TGA 图片序列，然后将其导入 AE 进行后期编辑
EPS	这种格式是使用 PostScript 语言描述的一种 ASCII 码文件格式，主要用于排版、打印等输出工作

2）创客贴网站的应用

使用创客贴无须下载任何客户端，在浏览器搜索创客贴进入官网即可。创客贴官网首页如图 3-6 所示。

图 3-6　创客贴官网首页

第一步：登录创客贴。用户可以使用微信账号、微博账号、微信企业账号、钉钉账号直接登录创客贴，如图 3-7 所示。

图 3-7　登录方式

第二步：单击"免费使用"按钮，进入选择模板页面。

在"公众号首图""手机海报""PPT""长图海报""简历""名片"等选项中进行选择。也可以选择"自定义尺寸"选项，制作符合平台要求的图片，如图 3-8 所示。

图 3-8　"自定义尺寸"选项

第三步：选择模板设计。选择"公众号封面首图"选项，进入设计页面，挑选合适的模板，或者选择"开启空白画布"选项，默认尺寸为 900px×383px，如图 3-9 所示。在挑选模板时，可以通过热门推荐、颜色、风格等进行挑选，精准找到适合自己的模板。

图 3-9　"开启空白画布"选项

第四步：开始设计。选定某个模板之后，进入设计页面，中间部分为设计操作区，左侧是工具栏，可以选择需要的模板、素材、文字、背景等，如图 3-10 所示。

图 3-10　设计页面

新媒体运营者可以对现有模板的文字、图片、背景等进行修改。

（1）修改文字。选中文字后可以直接进行编辑，同时在设计操作区的上方，会显示与文字编辑相关的按钮，用户既可以对文字的特效、字体、字号、样式（斜体、下画线、加粗）、对齐方式、字间距、行间距进行调整，也可以将文字以图层的形式进行复制、上下层移动、透明度调整、镜面翻转、阴影处理等操作。编辑文字页面如图 3-11 所示。

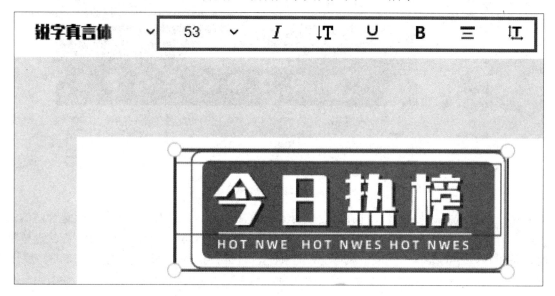

图 3-11　编辑文字页面

（2）修改图片。选中需要更换的图片，先使用键盘上的 Delete 键删除，然后单击左侧工具栏中的"上传"按钮，如图 3-12 所示。

单击"上传素材"按钮，跳转到本地磁盘，找到需要的图片后，单击"打开"按钮即可上传图片。用户可以上传多张图片，上传的图片会出现在工具栏中，单击需要的图片，图片即可出现在设计操作区，用户可以对其进行编辑，已上传的素材如图 3-13 所示。

图 3-12　上传图片素材

图 3-13　已上传的素材

在设计操作区的上方有处理图片的工具按钮，分别是样式、滤镜、尺寸、裁剪、换图、设为背景、抠图，如图 3-14 所示。

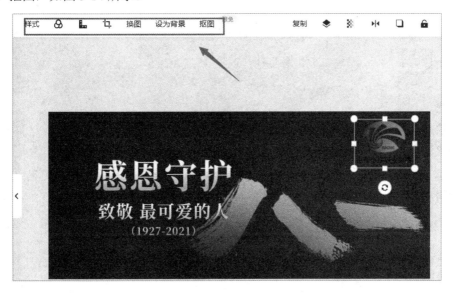

图 3-14　处理图片的工具按钮

（3）修改背景。单击左侧工具栏中的"背景"按钮，如图 3-15 所示，既可以对背景的颜色和风格进行修改，也可以单击"自定义背景"按钮。

（4）添加其他元素。既可以对原有的文字、图片、背景进行修改，也可以添加其他需要的元素，单击左侧工具栏中的"素材"按钮，如图 3-16 所示，可以添加形状、线·箭头、图标等，还可以通过添加"文字容器"或"图片容器"给文字和图片做一个轮廓造型，最后使用需要的素材拼出封面图。

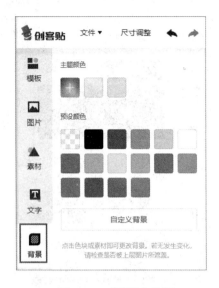

图 3-15　"背景"按钮

图 3-16　推荐素材

　　图片制作完成后，网站会实时保存图片，用户可以通过单击页面右上角的"保存至公众号""分享""下载"按钮执行相应的操作，如图 3-17 所示。

图 3-17　"保存至公众号""分享""下载"按钮

6. 引导问题

引导问题 1：有多少种方式可以登录创客贴网站？

_____

_____

_____

引导问题 2：创客贴中有哪些图片编辑功能？

_____

引导问题 **3**：创客贴有抠图功能吗？如何使用？

引导问题 **4**：创客贴有哪几类滤镜功能？

引导问题 **5**：在创客贴中如何将设计好的海报保存至公众号？

引导问题 **6**：可以从手机上传素材到创客贴吗？

7．课后作业

请使用创客贴网站以"端午节有哪些风俗习惯"为主题制作一张宣传海报，素材自备，尺寸为 640px×1008px，设计完成后下载到自己的手机上。

8．学习评价

请学生通过表 3-3 和表 3-4 分别对自己和教师进行公平公正的评价，完成学生活动过程自评表和教师评价表。教师根据评分情况调整教学策略。

表 3-3　学生活动过程自评表

班级		姓名		日期	
评价指标	评价内容			分数	分数评定
信息检索	是否能有效利用网络、图书资源、工作手册查找相关信息；是否能用自己的语言有条理地解释、表述所学知识；是否能将查到的信息有效地传递到工作中			10 分	
感知工作	是否熟悉工作岗位，认同工作价值；在工作中是否能获得满足感			10 分	

续表

班级		姓名		日期	
评价指标	评价内容			分数	分数评定
参与态度	是否积极主动地参与工作，吃苦耐劳，崇尚劳动光荣、技能宝贵；与教师、同学之间是否相互尊重、理解；与教师、同学之间是否能够保持多向、丰富、适宜的信息交流			10分	
	是否能做到探究式学习、自主学习而不流于形式，处理好合作学习和独立思考的关系，做到有效学习；是否能提出有意义的问题或能发表个人见解；是否能按要求正确操作；是否能倾听别人的意见、协作共享			10分	
学习方法	使用的学习方法是否合适；是否有工作计划；操作技能是否符合规范要求；是否能按要求正确操作；是否获得了进一步学习的能力			10分	
工作过程	是否遵守管理规程和教学要求；平时上课的出勤情况和每天工作任务的完成情况；是否善于从多角度分析问题，能主动发现、提出有价值的问题			15分	
思维态度	是否能发现问题、提出问题、分析问题、解决问题			10分	
自评反馈	是否按时按质完成工作任务；是否较好地掌握了专业知识点；是否具有较强的信息分析能力和理解能力；是否具有较为全面、严谨的思维能力并能条理清晰地表达成文			25分	
自评分数					
有益的经验和做法					
总结反馈					

表 3-4　教师评价表

专业		班级		姓名	
出勤情况					
评价内容	评价要点	考查要点	分数	分数评定	
1. 任务描述	口述内容细节	（1）表述仪态自然、吐字清晰	2分	表述仪态不自然或吐字模糊扣1分	
		（2）表达思路清晰、层次分明、准确		表达思路模糊或层次不清扣1分	
2. 任务分析及分组分工情况	依据任务分析知识、分组分工	（1）分析任务关键点准确	3分	表达思路模糊或层次不清扣1分	
		（2）涉及理论知识完整，分组分工明确		知识不完整扣1分，分工不明确扣1分	
3. 制订计划	时间	完成任务的时间安排是否合理	5分	完成任务时间过长或过短扣1分	
	分组	人员分组是否合理	10分	分组人数过多或过少扣1分	

续表

专业		班级		姓名	
出勤情况					
评价内容	评价要点	考查要点		分数	分数评定
4．计划实施	准备	（1）分析问题		3 分	无，扣 1 分
		（2）解决问题			无，扣 1 分
		（3）检查任务完成情况			无，扣 1 分
		（4）点评		2 分	无，扣 2 分
合　计				25 分	

任务 2　使用微信小程序制作"宠物"九宫格海报

1. 任务描述

扫码看视频

使用手机打开微信，在"发现"界面中找到"小程序"选项，在"小程序"界面中搜索"九宫格图制作"小程序，在"九宫格图制作"小程序中单击"九宫格海报"按钮，按照顺序上传已经准备好的九张图片，保存即可，参考样张如图 3-18 所示。

图 3-18　参考样张

2. 学习目标

（1）会使用"九宫格图制作"小程序制作各种九宫格拼图；

（2）会使用"切九图""照片墙""九宫格海报"功能；

（3）能够将制作好的九宫格图片发布到朋友圈；

（4）能够通过手机应用商城，探索更多的九宫格图片制作 App。

3．思政要点

通过本任务，培养学生的创新精神和探索精神，引导学生保护动物。通过课后作业，引导学生宣传自己的学校，铭记校训，勇于承担社会责任。

4．任务分析

1）任务表单

对照表 3-5 任务单的任务内容和使用工具，完成本任务实训，将完成情况填写在表 3-5 中。

表 3-5　制作九宫格图片任务单

序号	任务内容	使用工具	合格性判断	完成情况
1	通过微信查找"九宫格图制作"小程序	手机	打开成功	
2	使用"九宫格海报"功能，按顺序上传图片	手机	制作完成	
3	将图片导出到手机相册	手机	导出成功	

2）技术难点

"九宫格图制作"小程序的查找；创意九宫格的应用。

学习小提示

> 学习方法建议：自主学习，探究学习。
>
> 学习平台：九宫格小程序。
>
> 教育理念：爱是教学成功的基础，创新是教育的希望。

5．知识链接

"九宫格图制作"是一款微信小程序，可以帮助新媒体运营者使用手机迅速制作出颇具创意的九宫格图片及长图，新媒体运营者不需要安装任何 App，就可以直接在手机端使用（小程序更新速度快，目前火爆新媒体行业的小程序也可能随时被淘汰，但新旧版本的功能、特性大致相同，希望大家能够通过本书的案例触类旁通，学会自己搜索、使用最新版本的小程序）。

进入微信界面，在"发现"界面中找到"小程序"选项，如图 3-19 所示。

进入"小程序"界面，在搜索框中输入"九宫格图制作"并搜索即可找到该小程序，单击进入"九宫格图制作"小程序。

这款小程序有多个功能，包括"切九图""长图拼接""照片墙""九宫格海报""AI 换脸""九宫格组合"等，如图 3-20 所示。还可以根据"节日""日常""生日""友情""儿童"等场景选择九宫格。

第一步：单击"海报拼图制作"按钮，进入操作界面。

第二步：导入图片。进入操作界面之后，单击操作界面上方的"+"按钮，从相册导入 9 张图片，单击"完成"按钮，如图 3-21 所示。

第三步：编辑图片。选择某一张图片，可以选择"换图""旋转""特效""取消"选项中的一个。如果选择"特效"选项，那么可以进行特效效果的选择。用户也可以对海报背景进行更改，还可以为整个九宫格海报添加动画效果。

第四步：导出图片。编辑完成后，就可以单击操作界面右下角的"保存分享"按钮，选择"标准图片"或"高清图片"选项，这样九宫格图片就保存到手机相册中了，如图 3-22 所示。

图 3-19　"小程序"选项

图 3-20　"九宫格图制作"小程序的功能

图 3-21　导入图片

图 3-22　导出图片

在"九宫格图制作"小程序中还可以进行其他创意操作。例如使用"切九图"功能。

单击"切九图"按钮之后,进入"切九图"操作界面可以看到各种模板,先选择模板,再选择图片,确定无误后保存图片即可, 如图3-23所示。

使用"九宫格图制作"小程序做长图拼接也是不错的选择,操作步骤如下。

第一步:单击"长图拼接"按钮,进入"长图拼接"操作界面。

第二步:单击"+"按钮,如图3-24所示,可以先选择"拍摄"或"从相册选择"选项导入图片,一次性可以导入多张,再选择"竖向拼接"选项。

第三步:保存长图。单击"保存"按钮,即可将图片保存到手机相册,如图3-25所示。

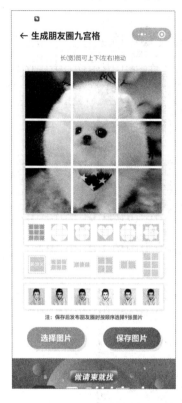

图3-23 "切九图"操作界面

图3-24 单击"+"按钮

图3-25 导出长图

6. 引导问题

引导问题1:"九宫格图制作"小程序需要安装吗?需要登录吗?

引导问题2:"九宫格图制作"小程序有哪些功能?

引导问题 3： "切九图"和"九宫格海报"功能的区别是什么？

引导问题 4： 在使用"切九图"功能时可以导入视频吗？

引导问题 5： 使用"九宫格图制作"小程序制作长图的操作步骤是什么？

7. 课后作业

（1）以"美丽校园"为主题，通过"九宫格图制作"小程序制作九宫格图片，导出后发布到你的朋友圈。

（2）在校园中寻找学校的校训，拍摄一张你与校训的合影，制作九宫切图，并发布到你的朋友圈。

8. 学习评价

请学生通过表 3-6 和表 3-7 分别对自己和教师进行公平公正的评价，完成学生活动过程自评表和教师评价表。教师根据评分情况调整教学策略。

表 3-6　学生活动过程自评表

班级		姓名		日期	
评价指标	评价内容			分数	分数评定
信息检索	是否能有效利用网络、图书资源、工作手册查找相关信息；是否能用自己的语言有条理地解释、表述所学知识；是否能将查到的信息有效地传递到工作中			10 分	
感知工作	是否熟悉工作岗位，认同工作价值；在工作中是否能获得满足感			10 分	

班级		姓名		日期	
评价指标		评价内容		分数	分数评定
参与态度	是否积极主动参与工作，吃苦耐劳，崇尚劳动光荣、技能宝贵；与教师、同学之间是否相互尊重、理解；与教师、同学之间是否能保持多向、丰富、适宜的信息交流			10分	
	是否能做到探究式学习、自主学习而不流于形式，处理好合作学习和独立思考的关系，做到有效学习；是否能提出有意义的问题或能发表个人见解；是否能按要求正确操作；是否能倾听别人的意见、协作共享			10分	
学习方法	使用的学习方法是否合适；是否有工作计划；操作技能是否符合规范要求；是否能按要求正确操作；是否获得了进一步学习的能力			10分	
工作过程	是否遵守管理规程和教学要求；平时上课的出勤情况和每天工作任务的完成情况；是否善于从多角度分析问题，能主动发现、提出有价值的问题			15分	
思维态度	是否能发现问题、提出问题、分析问题、解决问题			10分	
自评反馈	是否按时按质完成工作任务；是否较好地掌握了专业知识点；是否具有较强的信息分析能力和理解能力；是否具有较为全面、严谨的思维能力并能条理清晰地表达成文			25分	
自评分数					
有益的经验和做法					
总结反馈					

表 3-7　教师评价表

专业		班级		姓名	
出勤情况					
评价内容	评价要点	考查要点		分数	分数评定
1. 任务描述	口述内容细节	（1）表述仪态自然、吐字清晰		2分	表述仪态不自然或吐字模糊扣1分
		（2）表达思路清晰、层次分明、准确			表达思路模糊或层次不清扣1分
2. 任务分析及分组分工情况	依据任务分析知识、分组分工	（1）分析任务关键点准确		3分	表达思路模糊或层次不清扣1分
		（2）涉及理论知识完整，分组分工明确			知识不完整扣1分，分工不明确扣1分
3. 制订计划	时间	完成任务的时间安排是否合理		5分	完成任务时间过长或过短扣1分
	分组	人员分组是否合理		10分	分组人数过多或过少扣1分

专业		班级		姓名	
出勤情况					
评价内容	评价要点	考查要点		分数	分数评定
4. 计划实施	准备	（1）分析问题		3 分	无，扣 1 分
		（2）解决问题			无，扣 1 分
		（3）检查任务完成情况			无，扣 1 分
		（4）点评		2 分	无，扣 2 分
合　计				25 分	

任务 3　使用 GIF 制作 App 制作山东寿光蔬菜展动图

1．任务描述

在手机应用商城下载 GIF 制作 App 并安装，使用"图片转 GIF"功能，首先选择 10 张图片，添加文字、AI 滤镜，将画布比例设置为 1∶1，播放速度设置为 0.51 秒，边框设置为"SP2"，然后将其生成动图，保存至手机相册，效果如图 3-26 所示。

图 3-26　"山东寿光蔬菜展"动图效果

2．学习目标

（1）会从手机应用商城下载安装 GIF 制作 App；
（2）会使用"视频转 GIF"功能，制作视频动图；
（3）会使用"GIF 拼图"功能，制作表情包；
（4）会使用"自拍表情"功能制作各种表情包，并保存到手机；
（5）会使用"图片转 GIF"功能制作动图。

3．思政要点

通过本任务，引导学生关注农业发展，推进乡村振兴，培养学生的劳动精神、奋斗精神、创新精神，培育新时代新风貌。

4. 任务分析

1）任务表单

对照表 3-8 任务单的任务内容和使用工具，完成本任务实训，将完成情况填写在表 3-8 中。

表 3-8 任务单

序号	任务内容	使用工具	合格性判断	完成情况
1	在手机应用商城下载 GIF 制作 App 并安装	手机	安装成功	
2	将素材下载到手机相册	计算机和手机	保存到手机相册	
3	使用"图片转 GIF"功能，导入相册中的 10 张图片	手机	导入成功	
4	设置文本工具，输入"山东寿光蔬菜展"，并选择文字样式，调整文字的大小和位置	手机	匹配动图效果	
5	选择滤镜 AI 并保存	手机	匹配动图效果	
6	将画布比例设置为 1：1	手机	匹配动图效果	
7	将播放速度设置为 0.51 秒	手机	匹配动图效果	
8	将边框设置为"SP2"	手机	匹配动图效果	
9	将动图导出到相册	手机	导出成功	

2）技术难点

"图片转 GIF"功能的应用；滤镜等的应用。

学习小提示

> 学习方法建议：自主学习、探究学习。
>
> 学习平台：GIF 制作 App。
>
> 教育理念：教师"把学生看作天使，他便生活在天堂里；把学生看作魔鬼，他便生活在地狱中"。

5. 知识链接

1）制作动图的工具

（1）闪电 GIF 制作软件（在线电脑版）。闪电 GIF 制作软件可以使用视频轻松制作超清 GIF 动图，动图裁剪，自由编辑，批量压缩，无须 PS 技能，即可一键编辑美化 GIF 动图，其官网如图 3-27 所示。

闪电 GIF 制作软件（在线电脑版）具有多图合成 GIF、视频转 GIF、GIF 拼图、GIF 加文字、GIF 缩放、GIF 裁剪、GIF 压缩等功能。

（2）闪电 GIF 制作软件（电脑版）。闪电 GIF 制作软件是一款能够快速上手、界面布局简单、支持屏幕录制的 GIF 制作软件，能够制作出高品质、高质量的 GIF 动图，闪电 GIF 制作软件首页如图 3-28 所示。

它具有一键单击录屏、图片制作 GIF、视频转 GIF、多功能 GIF 编辑、生成高品质 GIF、导出多类型文件的功能。

图 3-27　闪电 GIF 制作软件官网

图 3-28　闪电 GIF 制作软件首页

2）动图的制作过程

第一步：在手机应用商城下载并安装 GIF 制作 App。

第二步：单击 GIF 制作 App 图标进入制作界面。

在界面中可以看到"视频转 GIF""图片转 GIF""自拍表情""GIF 拼图"等功能选项，这些功能可以帮助新媒体运营者在不同场景下制作 GIF 动图，如图 3-29 所示。

图 3-29　GIF 制作 App 的功能选项

部分功能选项的介绍如下。

（1）"视频转 GIF"功能可以使用手机内原有的视频作为动图的素材。

（2）"图片转 GIF"功能可以自由选择手机内的图片，每张图片作为一帧，由图片生成动图，通常适用于制作"操作步骤"类的动图。

（3）"自拍表情"功能可以使用手机拍摄的视频结合提供的素材制作动图。

第三步：制作 GIF。

以"图片转 GIF"功能为例，单击"图片转 GIF"按钮，从手机中找到目标图片并导入 App，进入编辑界面。导入图片素材如图 3-30 所示。

图 3-30　导入图片素材

编辑界面中间最大的区域为动图预览区，其下方为编辑区，如图 3-31 所示，可以调整播放顺序、画布比例、背景颜色、边框样式，添加文本、贴纸、涂鸦、滤镜，对图片进行剪裁等。

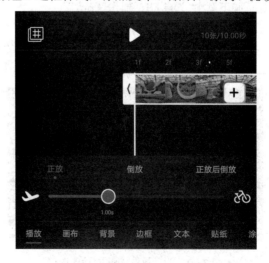

图 3-31　动图预览区和编辑区

第四步：预览保存。

调整完成后，单击屏幕右上方的"保存"按钮，即可进入"分享/保存"界面，如图 3-32 所示。在此处可以调整保存类型、保存方式、循环次数、清晰度。单击"保存到相册"按钮，将动图保存到手机中。

图 3-32　"分享/保存"界面

6. 引导问题

引导问题 1： GIF 制作软件（电脑版）有哪些功能？

_____

_____

_____

引导问题 2： 电脑版图片制作 GIF 与手机版图片制作 GIF 有何区别？

_____

引导问题 3：如何将视频转换为动图，请写出制作过程。

引导问题 4：如何使用"自拍表情"功能制作表情包，请写出制作过程。

引导问题 5：如何使用模板制作动图？

7．课后作业

（1）以"校园特色美食"为主题，拍摄 6～10 张美食照片（横版或竖版均可，但所有照片版式应一致且高清），利用"图片转 GIF"功能，制作一组图保存并分享到朋友圈。

（2）以"舞动青春"为主题，拍摄 30 秒的视频，使用"视频转 GIF"功能，制作动图。将播放形式设置为"正放后倒放"，保持原始尺寸，加边框，输入适当文案，保存到相册并分享给微信好友。

8．学习评价

请学生通过表 3-9 和表 3-10 分别对自己和教师进行公平公正的评价，完成学生活动过程自评表和教师评价表。教师根据评分情况调整教学策略。

表 3-9　学生活动过程自评表

班级		姓名		日期	
评价指标	评价内容			分数	分数评定
信息检索	是否能有效利用网络、图书资源、工作手册查找相关信息；是否能用自己的语言有条理地解释、表述所学知识；是否能将查到的信息有效地传递到工作中			10 分	

续表

班级		姓名		日期	
评价指标	评价内容			分数	分数评定
感知工作	是否熟悉工作岗位，认同工作价值；在工作中是否能获得满足感			10 分	
参与态度	是否积极主动参与工作，吃苦耐劳，崇尚劳动光荣、技能宝贵；与教师、同学之间是否相互尊重、理解；与教师、同学之间是否能保持多向、丰富、适宜的信息交流			10 分	
	是否能做到探究式学习、自主学习而不流于形式，处理好合作学习和独立思考的关系，做到有效学习；是否能提出有意义的问题或能发表个人见解；是否能按要求正确操作；是否能倾听别人的意见、协作共享			10 分	
学习方法	使用的学习方法是否合适；是否有工作计划；操作技能是否符合规范要求；是否能按要求正确操作；是否获得了进一步学习的能力			10 分	
工作过程	是否遵守管理规程和教学要求；平时上课的出勤情况和每天工作任务的完成情况；是否善于从多角度分析问题，能主动发现、提出有价值的问题			15 分	
思维态度	是否能发现问题、提出问题、分析问题、解决问题			10 分	
自评反馈	是否按时按质完成工作任务；是否较好地掌握了专业知识点；是否具有较强的信息分析能力和理解能力；是否具有较为全面、严谨的思维能力并能条理清晰地表达成文			25 分	
自评分数					
有益的经验和做法					
总结反馈					

表 3-10　教师评价表

专业		班级		姓名	
出勤情况					
评价内容	评价要点	考查要点		分数	分数评定
1. 任务描述	口述内容细节	（1）表述仪态自然、吐字清晰		2 分	表述仪态不自然或吐字模糊扣 1 分
		（2）表达思路清晰、层次分明、准确			表达思路模糊或层次不清扣 1 分
2. 任务分析及分组分工情况	依据任务分析知识、分组分工	（1）分析任务关键点准确		3 分	表达思路模糊或层次不清扣 1 分
		（2）涉及理论知识完整，分组分工明确			知识不完整扣 1 分，分工不明确扣 1 分
3. 制订计划	时间	完成任务的时间安排是否合理		5 分	完成任务时间过长或过短扣 1 分
	分组	人员分组是否合理		10 分	分组人数过多或过少扣 1 分

续表

专业		班级		姓名	
出勤情况					
评价内容	评价要点	考查要点		分数	分数评定
4. 计划实施	准备	（1）分析问题		3分	无，扣1分
		（2）解决问题			无，扣1分
		（3）检查任务完成情况			无，扣1分
		（4）点评		2分	无，扣2分
合　计				25分	

请学生结合本单元的内容和学习情况，完成表 3-11 的学习总结，找出自己薄弱的地方加以巩固。

表 3-11　学习总结

学习时间		姓名	
我学会的知识			
我学会的技能			
我素质方面的提升			
我需要提升的地方			

单元 4

新媒体图文排版技术

学前提示

作为新媒体编辑人员，在实际工作中，每天都要对文案进行排版。我们熟悉的微信公众号文章，图文并茂、层级分明、色调统一、版式美观、可阅读性强，甚至在文章中插入了视频、动图、轮播图、分割线、投票、答题等元素，这些页面是使用什么工具排版出来的呢？

本单元通过 3 个任务解决新媒体图文排版问题：一是使用秀米制作"礼人仪己，展我风采"微信图文；二是使用秀米制作"魅力山传，十色可选"微信图文；三是使用秀米制作"大暑节气"微信图文。

任务1 使用秀米制作"礼人仪己，展我风采"微信图文

1．任务描述

使用微信扫描如图 4-1 所示的二维码，查看"礼人仪己，展我风采"图文效果，完成以下任务。通过计算机直接访问秀米官网，注册并登录；新建一个图文文档，将素材导入"我的图库"，制作封面，包括封面图和标题；在正文部分添加卡片、图片、组件，设置段落的对齐方式，设置字体、字号，在末尾插入引导图片；保存、预览、审核图文，并将链接分享给任课教师。

图 4-1 "礼人仪己，展我风采"图文效果

2．学习目标

（1）会使用浏览器搜索秀米，并注册与登录秀米；

（2）会上传无水印图片，会给图片添加/删除文字水印和图片水印，会添加/删除团队水印；

（3）会使用秀米的图文管理功能，包括上传图片、删除图片、设置标签；

（4）会保存图文、审核图文，能分享审核后的链接；

（5）会设置微信公众号授权，将个人公众号授权给秀米账号；

（6）熟悉工具条中的工具；

（7）会使用"图文模板"中的各种工具，并进行个性化设置；

（8）懂得秀米的操作规范，新媒体工作人员编辑的内容要合理合法，体现正确的人生观和价值观。

3．思政要点

通过本任务，培养学生的文明礼仪，传承中华优秀传统文化，提高图文排版的美感。引导学生遵守互联网法规，做法治的忠实崇尚者、自觉遵守者、坚定捍卫者。

4．任务分析

1）任务表单

对照表 4-1 任务单的任务内容和使用工具，完成本任务的实训，将完成情况填写在表 4-1 中。

表 4-1　任务单

序号	任务内容	使用工具	合格性判断	完成情况
1	注册并登录秀米网站	计算机	登录成功	
2	新建图文文件	计算机	新建成功	
3	从本地上传 4 张图片素材到"我的图库"中	计算机	"我的图库"中存在 4 张图片素材	
4	插入封面图，输入标题	计算机	封面图和标题位置正确	
5	鼠标指针定位到编辑区，选择"组件"→"关注原文"选项进行插入	计算机	与图文效果一致	
6	鼠标指针定位到编辑区，先选择"卡片"→"基础卡片"选项，再选择"圆角虚线边框"样式进行插入，将"填充色"设置为透明，"边框线"设置为"点状"，"颜色"设置为"rgb(32.87.146)"。替换模板中的文字，文字的格式为默认字体，14 号，黑色，两端对齐	计算机	与图文效果一致	
7	鼠标指针定位在下一行，插入分割线（心形）	计算机	与图文效果一致	
8	选中分割线，选择"后插空行"选项	计算机	与图文效果一致	
9	鼠标指针定位在下一行，从"我的图库"中选择一张图片，插入编辑区	计算机	与图文效果一致	
10	鼠标指针定位在下一行，插入分割线（蓝色线条）	计算机	与图文效果一致	
11	选择第一个圆角矩形的边框线，在工具条中选择"复制"选项，鼠标指针定位到文末编辑区，按下 Ctrl+V 组合键。将第二段文字粘贴过来	计算机	与图文效果一致	
12	选择第二个圆角矩形的边框线，选择"后插空行"选项	计算机	与图文效果一致	
13	鼠标定位在下一行，从"我的图库"中选择一张图片，插入编辑区	计算机	与图文效果一致	
14	同第 10 步，插入蓝色分割线	计算机	与图文效果一致	
15	同第 11 步，替换第 3 段文字	计算机	与图文效果一致	
16	同第 7 步，插入心形分割线	计算机	与图文效果一致	
17	同第 9 步，插入引导图片	计算机	与图文效果一致	
18	保存、预览、审核	计算机	与图文效果一致	

2）技术难点

图片的导入；图片的批量管理；卡片的应用及编辑；预览和审核。

5. 知识链接

秀米为图文排版提供了文字内容排版的工具，在进行微信公众号图文排版时被广泛使用。除此之外，用户也可以将秀米图文链接单独分享到微信朋友圈，无须通过公众号。

学习小提示

学习方法建议：自主学习，合作学习，探究学习。

学习平台：秀米网站。

教育理念：教师的真正本领，不在于他是否会讲述知识，而在于是否能激发学生的学习动机，唤起学生的求知欲望，让他们兴趣盎然地参与到教学过程中来。

排版编辑好的图文，如果通过公众号发布，那么首先要将图文内容上传到微信公众号，然后设置公众号群发，来完成发布操作。上传图文内容的方式有两种，分别是复制粘贴和同步上传。

秀米图文可以作为一个独立的网页链接进行传播。分享页面需要经过审核才能获取发布使用的链接和二维码。具体的操作方法是，先单击"预览"按钮，再单击"分享"按钮并申请审核，内容就会进入审核状态，在工作日，1～15 分钟即可完成审核。

1）注册与登录

最好使用谷歌浏览器打开秀米，可以使用百度搜索引擎搜索"谷歌浏览器"并下载。

谷歌浏览器本身可以使用，只是搜索引擎被屏蔽了。因此只需要将谷歌浏览器的搜索引擎改为国内的搜索引擎。先进入谷歌浏览器的首页，单击右上方"更新"按钮，在下拉列表中找到"设置"选项，如图 4-2 所示，选择"设置"→"搜索引擎"选项，将默认搜索引擎设置为"百度"即可，如图 4-3 所示。

图 4-2 "设置"选项

图 4-3　将默认搜索引擎设置为"百度"

搜索"秀米官网"，进入秀米首页，如图 4-4 所示。

图 4-4　秀米首页

用户可以使用邮箱或手机号码注册，也可以使用微博、QQ、微信登录秀米，登录后即可使用，登录界面如图 4-5 所示。

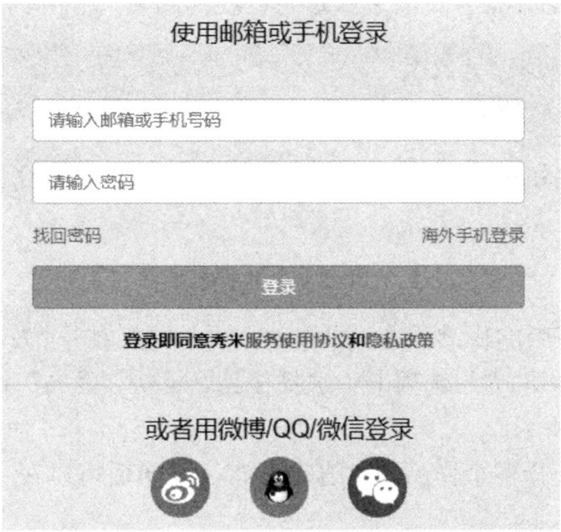

图 4-5　登录界面

2）秀米首页操作

秀米首页包括菜单栏、横幅、图文排版、H5 制作、登录 5 个区域。

选择菜单栏中的"我的秀米"选项，进入"我的秀米"页面。页面中包括"我的 H5""我的图文""我的团队""我的主页""风格秀""风格排版"等选项，如图 4-6 所示。

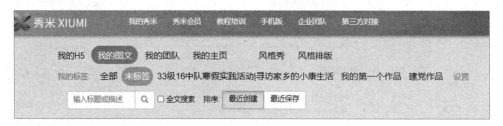

图 4-6 "我的秀米"页面

"我的 H5"和"我的图文"中保存账号中已经排版过的文件。

"我的团队"可以添加团队人员、设置团队名称。团队成员最多可以添加 10 人，也可以删除团队成员或移交团队。添加团队成员如图 4-7 所示。

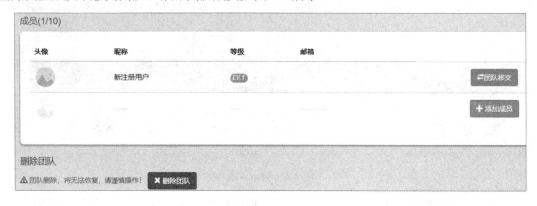

图 4-7 添加团队成员

"我的主页"在"我的秀米"页面中，是与"我的图文"并列的选项，如图 4-8 所示。

图 4-8 "我的主页"选项

用户可以将已经排好版的作品添加到"我的主页"中，单击"发布作品到主页"按钮，在"H5"或"图文"或"选中的秀"选项卡中选择作品，单击"发布"按钮就可以将作品发布到"我的主页"，如图 4-9 所示。

用户也可以一次性选择多个作品同时进行发布，发布后可以在"我的主页"中看到刚刚发布的作品。

每个图文或 H5 页面都有自己唯一的二维码和链接，单击作品上的"预览"按钮，就可以将这个作品的二维码或链接分享给别人，展示自己的作品，分享二维码如图 4-10 所示。

图 4-9　将作品发布到"我的主页"

图 4-10　分享二维码

新建图文页面。在秀米首页，单击"新建一个图文"按钮，如图 4-11 所示，进入图文编辑页面。

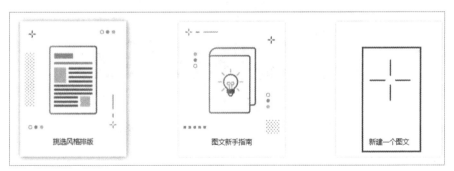

图 4-11　"新建一个图文"按钮

图文编辑页面主要有 3 部分，页面左侧和上方为工具区，右侧为编辑区，如图 4-12 所示。

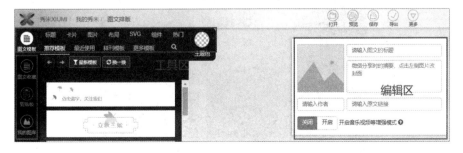

图 4-12　图文编辑页面

3）图库管理

素材区在窗口最左侧，包括"图文模板"、"图文收藏"、"剪贴板"和"我的图库"等选项，如图 4-13 所示。

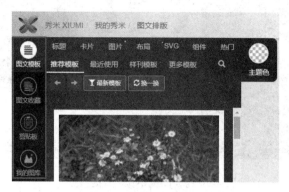

图 4-13　素材区

"我的图库"是存放上传的本地图片或网络图片的空间，最多可以上传 100 张图片，最好是 JPEG 或 PNG 格式，既可以单张上传，也可以批量上传，如图 4-14 所示。

图 4-14　我的图库

默认状态下上传的图片是无水印的，用户可以自行添加水印。选择"我的图库"选项，单击"上传图片（无水印）"按钮右侧的小三角，如图 4-15 所示。弹出下拉列表，单击"编辑"按钮，弹出添加水印对话框。

图 4-15　上传图片

水印分为"我的水印"（个人水印）和"团队水印"，单击"添加水印"按钮即可新建水印，用户也可以删除已有的水印，添加水印对话框如图 4-16 所示。

图 4-16　添加水印对话框

单击"添加水印"按钮，在弹出的对话框中，输入水印名称，"水印类型"分为"文字"和"图片"。

文字水印就是文字形式的水印，可以输入文字，设置文字颜色，调整透明度等。选中文字水印，既可以通过四周的调整控件调整水印的大小，也可以通过拖曳调整水印文字的位置，如图 4-17 所示。

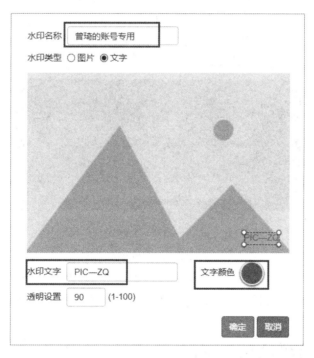

图 4-17　添加文字水印

图片水印就是图片形式的水印，选中"图片"单选按钮，单击"添加水印图片"文字链接，上传计算机中的图片，水印图片是无法使用秀米图库中的图片的，如图 4-18 所示。

建议使用带透明像素的 PNG 格式的图片作为水印图片，这样在任意图片上不会显得突兀。选中水印图片可以调整图片的大小，按住水印图片可以调整图片的位置。

图 4-18　添加图片水印

水印的数量是有限制的,`根据秀米账号的等级来算,如果秀米账号等级是 Lv1、Lv2 或 Lv3,那么只能设置 1 个水印。如果秀米账号是 VIP,那么可以设置多个水印。

当使用水印时,先单击"上传图片(无水印)"按钮右侧的小三角,选择一个水印,这样"上传图片(无水印)"按钮就显示为"上传图片(有水印)",如图 4-19 所示。然后从本地上传图片到秀米时,会自动为图片添加水印。

图 4-19　"上传图片(有水印)"按钮

导入网络图片的操作:单击"导入网络图片"按钮,弹出导入网络图片对话框。在对话框中既可以将微信图文的图片链接复制到"导入微信图片"选项卡的文本框中,也可以将网络图片的链接复制到"导入外链图片"选项卡的文本框中,在使用时请注意图片版权问题,如图 4-20 所示。

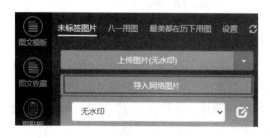

图 4-20　导入网络图片

在"我的图库"中可以看到绿色的"批量管理"按钮，如图 4-21 所示。

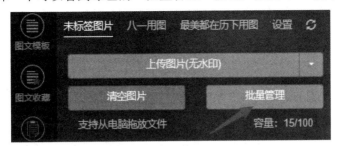

图 4-21　"批量管理"按钮

单击"批量管理"按钮，会显示 3 个新按钮：全选、删除、设置标签，图片右上角也会有白色圆形图标出现，如图 4-22 所示。

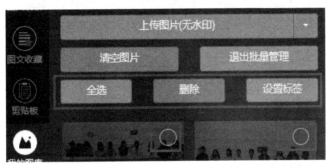

图 4-22　批量管理界面

在批量删除图片时，先选中图片，然后单击"删除"按钮，会弹出一个"确定要删除所选的×张图片吗？"提示框，单击"确定"按钮，即可批量删除图片，如图 4-23 所示。需要注意的是，批量删除图片是无法恢复的。

图 4-23　批量删除图片

　　批量设置图片标签。在"批量管理"模式下，先选中图片，然后单击"设置标签"按钮，会弹出"设置标签"对话框，在对话框中可以选择已有标签或添加新标签。如果添加新标签，那么先在文本框中输入标签名，再单击"确定"按钮，如图 4-24、图 4-25 和图 4-26 所示。

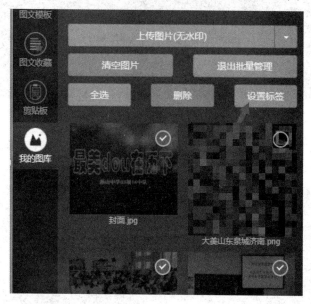

图 4-24　"设置标签"按钮

图 4-25　输入标签名

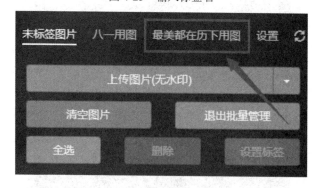

图 4-26　已设置的标签

　　清空图片是指清空当前标签下的所有图片，图片被清空后是无法恢复的，"清空图片"按钮如图 4-27 所示。

图 4-27　"清空图片"按钮

4）编辑区操作

编辑区可以分成 3 部分。第一部分是封面编辑区，往下是正文编辑区，右侧是一些其他辅助编辑工具的按钮，如图 4-28 所示。

图 4-28　编辑区

在封面处可以使用任何大小的图片。而对微信图文来说，封面图片的分辨率最好是 900px×383px（第一条封面比例为 2.35∶1），或者是 383px×383px（第二条之后的封面比例为 1∶1）。秀米封面如图 4-29 所示。

图 4-29　秀米封面

双击封面图，既可以改变图片，也可以改变图片的比例，改变图片的比例如图 4-30 所示。

图 4-30　改变图片的比例

在封面中可以输入标题，一般不超过 32 个字符，标题要有吸引力，主标题和副标题间可以加分隔符"|"。

摘要一般不超过 50 个字，如果不单独设置摘要，那么软件会将正文的第一段作为摘要。

开启音乐视频等增强模式后，可以添加音乐。音乐可以从"我的音乐"中选择或从本地上传，如图 4-31 所示。

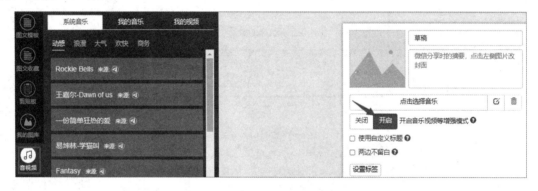

图 4-31　开启音乐视频等增强模式

向编辑区添加图文内容或模板时，可以使用单击或拖曳的方式，将左侧素材区中的内容添加到编辑区，添加图片如图 4-32 所示。

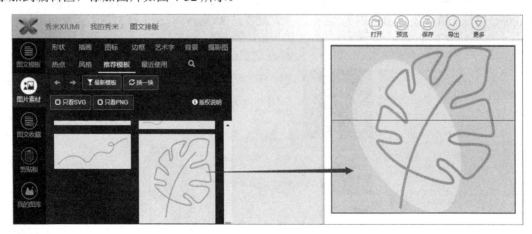

图 4-32　添加图片

替换编辑区图片的方法：先选中编辑区的图片，然后单击素材区中的图片，即可完成替换。

文字或图片的修改：在编辑区中单击要修改的文字或图片，会显示两个工具条，选择要使用的工具，修改即可。文字编辑工具条如图 4-33 所示，图片编辑工具条如图 4-34 所示。

图 4-33　文字编辑工具条

图 4-34　图片编辑工具条

顶部的 5 个功能按钮从左到右分别是"打开""预览""保存""导出""更多"，如图 4-35 所示。

图 4-35　顶部的 5 个功能按钮

5）图文发布

将编辑好的内容上传到公众号的方法有两种，分别是复制粘贴和同步上传。作为新手，可以先尝试最简单的复制粘贴。

编辑好内容后，单击顶部的"保存"按钮，会直接出现提示文字，如图 4-36 所示。

图 4-36　提示文字

按下 Ctrl+C 组合键（Mac：Command＋C）复制后，打开微信公众平台编辑器，按下 Ctrl+V 组合键（Mac：Command＋V）将内容粘贴到正文区域，微信后台编辑区如图 4-37 所示。

图 4-37　微信后台编辑区

小建议：为避免将内容上传到公众号后出现移位、乱码的情况，请注意以下问题。

（1）打开微信公众号后台和秀米编辑页面请使用同一个浏览器，强烈建议使用谷歌浏览器。

（2）请勿二次复制图文内容。图文无论是以复制粘贴还是同步上传的方式上传到公众号的，请勿再从一个微信图文复制到另一个微信图文（此为二次复制）。

同步上传比复制粘贴在操作上要方便不少，先进行一次授权公众号的操作，单击"授权设置"文字链接，如图 4-38 所示。

图 4-38　"授权设置"文字链接

弹出对话框，既可以授权微信公众号、今日头条，也可以授权微博账号，微信公众号授权如图 4-39 所示。使用手机微信扫码后即可授权成功，扫码授权如图 4-40 所示。注意必须使用公众平台绑定的管理员个人微信号扫描。

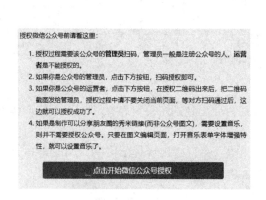

图 4-39　微信公众号授权　　　　　　图 4-40　扫码授权

单击"√"按钮，在弹出的下拉列表中选择"同步到公众号"选项，进度条结束后，同步完成，如图 4-41 所示。

图 4-41　同步到公众号

6. 引导问题

引导问题 1：登录秀米的方式有哪几种？

引导问题 2：如何创建我的团队？

_____

_____

_____

引导问题 3：如何为"我的图库"中的图片添加标签？

_____

_____

_____

引导问题 4：删除"我的图库"中的图片后还能恢复吗？

_____

_____

_____

引导问题 5：如何清空"我的图库"中的图片？

_____

_____

_____

引导问题 6：如何给图片添加文字水印和图片水印？

_____

_____

_____

引导问题 7：如何将"我的图库"中的图片添加到图文模板中？

_____

_____

_____

7．课后作业

从十点读书公众号找一篇文章，模仿其排版样式，使用秀米编排一篇文章，保存、审核后将二维码分享给任课教师。

8．学习评价

请学生根据表 4-2 和表 4-3 分别对自己和教师进行公平公正的评价，完成学生活动过程自评表和教师评价表。教师根据评分情况调整教学策略。

表 4-2　学生活动过程自评表

班级		姓名		日期	
评价指标	评价内容			分数	分数评定
信息检索	是否能有效利用网络、图书资源、工作手册查找相关信息；是否能用自己的语言有条理地解释、表述所学知识；是否能将查到的信息有效地传递到工作中			10 分	
感知工作	是否熟悉工作岗位，认同工作价值；在工作中是否能获得满足感			10 分	
参与态度	是否积极主动参与工作，吃苦耐劳，崇尚劳动光荣、技能宝贵；与教师、同学之间是否相互尊重、理解；与教师、同学之间是否能保持多向、丰富、适宜的信息交流			10 分	
	是否能做到探究式学习、自主学习而不流于形式，处理好合作学习和独立思考的关系，做到有效学习；是否能提出有意义的问题或能发表个人见解；是否能按要求正确操作；是否能倾听别人的意见、协作共享			10 分	
学习方法	使用的学习方法是否合适；是否有工作计划；操作技能是否符合规范要求；是否能按要求正确操作；是否获得了进一步学习的能力			10 分	
工作过程	是否遵守管理规程和教学要求；平时上课的出勤情况和每天工作任务的完成情况；是否善于从多角度分析问题，能主动发现、提出有价值的问题			15 分	
思维态度	是否能发现问题、提出问题、分析问题、解决问题			10 分	
自评反馈	是否按时按质完成工作任务；是否较好地掌握了专业知识点；是否具有较强的信息分析能力和理解能力；是否具有较为全面、严谨的思维能力并能条理清晰地表达成文			25 分	
自评分数					
有益的经验和做法					
总结反馈					

表 4-3　教师评价表

专业		班级		姓名	
出勤情况					
评价内容	评价要点	考查要点		分数	分数评定
1．任务描述	口述内容细节	（1）表述仪态自然、吐字清晰		2 分	表述仪态不自然或吐字模糊扣 1 分
		（2）表达思路清晰、层次分明、准确			表达思路模糊或层次不清扣 1 分
2．任务分析及分组分工情况	依据任务分析知识、分组分工	（1）分析任务关键点准确		3 分	表达思路模糊或层次不清扣 1 分
		（2）涉及理论知识完整，分组分工明确			知识不完整扣 1 分，分工不明确扣 1 分

续表

专业		班级		姓名	
出勤情况					
评价内容	评价要点	考查要点		分数	分数评定
3. 制订计划	时间	完成任务的时间安排是否合理		5 分	完成任务时间过长或过短扣 1 分
	分组	人员分组是否合理		10 分	分组人数过多或过少扣 1 分
4. 计划实施	准备	（1）分析问题		3 分	无，扣 1 分
		（2）解决问题			无，扣 1 分
		（3）检查任务完成情况			无，扣 1 分
		（4）点评		2 分	无，扣 2 分
合　计				25 分	

任务 2　使用秀米制作"魅力山传，十色可选"微信图文

1. 任务描述

使用微信扫描如图 4-42 所示的二维码，查看"魅力山传，十色可选"图文效果。在秀米网站新建图文文件，将素材导入"我的图库"。制作封面，包括标题、封面图，开启音乐视频等增强模式，选择音乐"夏日狂欢"。制作正文，包括标题、图片、卡片，设置布局样式、段落对齐方式、字体、字号、颜色等。制作引导页，插入图片。排版完成后保存、预览、审核图文。

扫码看视频

扫码看视频

图 4-42　"魅力山传，十色可选"图文效果

2. 学习目标

（1）会使用基础布局和固定布局；
（2）会调整各种布局的宽度；
（3）能够根据图文排版要求选择不同的布局宽度；
（4）掌握文字排版工具的功能和图片排版工具的功能；
（5）会使用布局格式刷功能；
（6）掌握"自由布局"功能的使用。

3. 思政要点

通过本任务，引导学生热爱校园、热爱自然，学会欣赏美的东西；通过课后作业导入端午

节文化和屈原的故事，引导学生热爱中国传统文化，热爱祖国，具备奉献精神。

4．任务分析

1）任务表单

对照表4-4任务单的任务内容和使用工具，完成本任务实训，将完成情况填写在表4-4中。

表4-4　任务单

序号	任务内容	使用工具	合格性判断	完成情况
1	登录秀米，新建图文文档，导入图片素材	计算机	导入完成	
2	制作封面：输入标题，插入封面图，开启音乐视频增强模式，选择夏日狂欢.mp3	计算机	与图文效果一致	
3	在编辑区插入分割线（校训+Logo），插入一个图文卡片，替换原来的文字，将文字颜色设置为"rgb(62,62,62)"，居中对齐，将左侧文字框的布局设置为"宽度自伸缩"，"伸缩比"为100，右侧图案区的布局设置为"宽度自适应"	计算机	与图文效果一致	
4	制作红色调图文样式：选择一个底色标题，先将文字颜色设置为红色，然后插入底色卡片，复制并替换原有的文字，居中对齐，将文字颜色设置为"rgb(62,62,62)"，"行间距"设置为1.6，矩形框底色设置为"rgb(199,138,173,0.79)"，矩形底纹的布局设置为"宽度百分比"，"宽"设置为68%；选择"后插空行"选项，在空行中插入装饰性图片，将图片的"宽"设置为22%，其后先插入"图片1"，然后插入空行，输入文字"摄影｜朱冰洁"，将字号设置为16。使用同样的方法插入"图片2""图片3"	计算机	与图文效果一致	
5	制作橙色调图文样式，制作过程同第4步	计算机	与图文效果一致	
6	制作黄色调图文样式，制作过程同第4步	计算机	与图文效果一致	
7	制作绿色调图文样式，制作过程同第4步	计算机	与图文效果一致	
8	制作青色调图文样式，制作过程同第4步	计算机	与图文效果一致	
9	制作蓝色调图文样式，制作过程同第4步	计算机	与图文效果一致	
10	制作紫色调图文样式，制作过程同第4步	计算机	与图文效果一致	
11	制作粉色调图文样式，制作过程同第4步	计算机	与图文效果一致	
12	制作白色调图文样式，制作过程同第4步	计算机	与图文效果一致	
13	制作黑色调图文样式，插入基础布局中的第2种布局，将布局宽度设置为"宽度自伸缩"，分别插入两张图片，剩余的图片正常插入	计算机	与图文效果一致	
14	编辑最后两段文字：先插入空行，然后插入一个小图标，将"宽"设置为7.8%。插入空行，将文字粘贴到空白处，居中对齐，将字号设置为16，文字颜色设置为"rgb(62,62,62)"，"行间距"设置为1.6	计算机	与图文效果一致	

续表

序号	任务内容	使用工具	合格性判断	完成情况
15	编辑工作人员信息：将"对齐方式"设置为"居中对齐"，"行间距"设置为 1.6	计算机	与图文效果一致	
16	制作引导页：插入引导图片	计算机	与图文效果一致	

2）技术难点

背景音乐的导入；文字样式的编辑；图片位置的编辑；布局的调整；布局格式刷的应用。

学习小提示

> 学习方法建议：自主学习，探究学习。
> 学习平台：秀米网站。
> 教育理念：古之圣王，未有不尊师者。

5. 知识链接

1）秀米布局宽度的使用

秀米布局宽度能够使用多种属性，宽度百分比、宽度固定像素、宽度自适应、宽度自伸缩可以在同一篇图文里实现。

选择"布局"→"基础布局"选项，添加一个基础布局到编辑区，如图 4-43 所示。在布局工具条中"宽"选项数字框的右侧，有一个三角形按钮，单击它可以看到 4 种宽度属性。如果我们添加的是一个特殊布局，那么也可以设置 4 种不同宽度属性，如图 4-44 所示。

图 4-43　添加基础布局

图 4-44　4 种宽度属性

在这 4 种宽度属性中, 宽度百分比是常用的一种宽度属性, 输入数值就可以调整布局宽度。下面将介绍其他 3 种宽度属性。

(1) 宽度固定像素。选择"宽度固定像素"选项后, 当前布局宽度被固定, 将内容添加到布局中, 布局的宽度决定内容的宽度。该宽度属性适用于添加小贴图或小零件元素作为图片装饰, 如图 4-45 所示。

图 4-45　"宽度固定像素"选项

(2) 宽度自适应。选择"宽度自适应"选项后, 系统会根据内容自动调整布局宽度。这种宽度类型适用于制作标题。也可以先在之前的宽度固定像素布局右侧增加一列, 将这一列的宽度属性设置为"宽度自适应", 然后输入文字。可以看出内容增加的同时, 左侧布局的宽度也自动调整, 如图 4-46 所示。

图 4-46　宽度自适应

(3) 宽度自伸缩。宽度自伸缩在多列布局中更实用, 它与普通多列布局类似, 区别在于它可以解决普通多列布局总宽度不够, 发生布局折行的问题, 这也是其他 3 种宽度属性没有的特性。当将右侧布局的宽度设置为"宽度自伸缩"时, 右侧布局中很长一段的文字会自动调整宽度, 如图 4-47 所示。

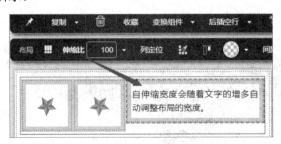

图 4-47　宽度自伸缩

另外, 在同一行里, 如果有多个"宽度自伸缩"的布局, 那么会按照"伸缩比"来决定如何分配宽度。例如，左侧布局的伸缩比是 38.3%，中间布局的伸缩比是 38.3%，右侧布局的伸缩比是 100%，那么左侧布局占 38.3/176.6，如图 4-48 所示。

图 4-48　多列宽度自伸缩布局

2）自由布局功能的应用

自由布局是指在图文中，可以使用类似幻灯片的编辑方式来设计内容，元素可以自由、随性地摆放。

既可以选择"布局"→"自由布局"选项添加自由布局，也可以从"自由布局"选项下的分类中添加。"自由布局"选项如图 4-49 所示。

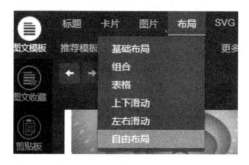

图 4-49　"自由布局"选项

在编辑区中添加一个自由布局，单击工具条上的"编辑"按钮，如图 4-50 所示。进入编辑界面，会弹出一个 H5 的简化编辑页面，这就是自由布局编辑页面，如图 4-51 所示。

在这个编辑页面中，可以调整自由布局的宽高比，选中蓝色点状线，调整它的宽高比即可，如图 4-52 所示。

图 4-50　单击工具条上的"编辑"按钮

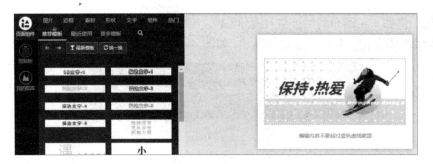

图 4-51 自由布局编辑页面

扫码看彩图

图 4-52 调整宽高比

通过调整自由布局的宽高比，可以得到不同尺寸的海报、名片、图文封面等，然后可以使用这个比例在布局中进行设计。

宽高比固定后，最终效果是适配不同手机屏幕的，元素之间的相对位置是稳定的。

在自由布局编辑页面左侧"页面组件"中的大部分素材，可以在自由布局中使用，少数的异形图片会无法添加，右上角会有提示。

选择素材并添加到编辑区，先在编辑区中选中素材，再拖曳素材四周的圆点，可以调整素材的大小，如图 4-53 所示。

图 4-53 调整素材的大小

如果需要添加文字，那么可以先单击"T"按钮，添加一个文字模板，然后选中文字，修改成自己的文字，如图 4-54 所示。

图 4-54 添加文字

编辑完成后，单击顶部的"√"按钮，如图 4-55 所示，返回图文编辑页面，刚刚编辑的内容已经保存了。

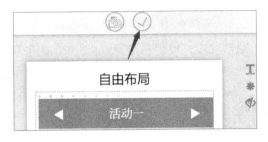

图 4-55 单击顶部的"√"按钮

在图文编辑页面中，既可以直接修改自由布局中的文字与图片内容，也可以直接删除，但不能更改它们的位置。

3）布局格式刷的应用

布局格式刷是秀米多列布局中可以使用的功能，在多列布局工具条上可以看到"向右应用格式"和"向右全部应用"两种格式刷，如图 4-56 所示。

图 4-56 布局格式刷

选择"向右应用格式"选项，效果如图 4-57 所示。

图 4-57 使用"向右应用格式"格式刷的效果

如果添加的是单列普通布局，工具条上也有格式刷功能，只不过呈现灰色，不可以使用，如图 4-58 所示。

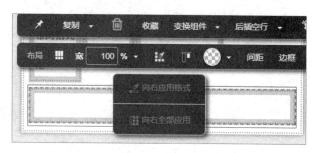

扫码看彩图

图 4-58　灰色布局格式刷

在多列布局内，使用布局格式刷可以将布局背景、边框、阴影等设置，一并应用到同一行布局右侧一列或所有列布局上，使用前的效果如图 4-59 所示，使用后的效果如图 4-60 所示。

图 4-59　使用布局格式刷前的效果

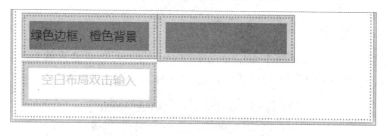

图 4-60　使用布局格式刷后的效果（1）

单击"布局格式刷"按钮后，同一行右侧列的布局，只会应用布局格式的设置，布局中的内容的设置不会被应用。也就是说，当前布局中设置了哪些格式，就会应用哪些格式。

怎么才能在使用布局格式刷时，将布局中内容的设置也复制过来呢？如果直接使用布局格式刷操作，那么无法做到。不过，我们可以转换思路，先把布局中的内容复制过来，再使用布局格式刷。

如果布局中的内容都是相同的，可以勾选布局列中的"插入时复制"复选框，操作步骤如图 4-61、图 4-62、图 4-63 和图 4-64 所示。

图 4-61　原效果

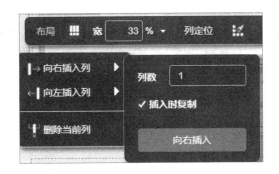

图 4-62　向右插入列并复制

图 4-63　插入列后的效果

图 4-64　使用布局格式刷后的效果（2）

4）文字排版功能

对文字段落的设置有字体、字号、颜色、对齐、加粗、倾斜、下画线、删除线、文字分段、提取格式、间距、其他格式、后插空行等。通常，字号采用 14～16，全篇文章的颜色不要超过 3 种，大标题、小标题加粗处理，段首不要留白，段与段之间加空行。文字排版工具条如图 4-65 所示。

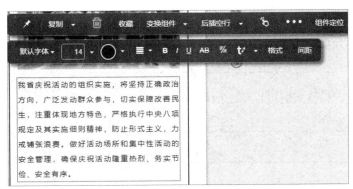

图 4-65　文字排版工具条

5）图片编辑功能

图片编辑功能包括宽度设置、样式设置、剪裁、边框、阴影、增强、取色等，如图 4-66 所示。

图 4-66　图片编辑功能

6．引导问题

引导问题 1：在秀米中有哪几种布局样式？

引导问题 2：基础布局中有哪几种方式可以调整布局的宽度？

引导问题 3：如果选择自由布局，那么编辑后文字与图片的位置可以移动吗？

引导问题 4：布局格式刷可以复制文字的样式吗？

引导问题 5：布局格式刷可以向左应用样式吗？

引导问题 6：如何为图文添加背景音乐？

7．课后作业

端午节是中国的传统节日，是用于拜祭龙祖、祈福辟邪的节日。传说战国时期的楚国诗人屈原在五月五日跳汨罗江自尽，后人亦将端午节作为纪念屈原的节日。以端午节为主题，写一篇文章，在网上搜集相应配图，通过秀米进行排版，发布到微信公众号上。

8．学习评价

请学生根据表 4-5 和表 4-6 分别对自己和教师进行公平公正的评价，完成学生活动过程自评表和教师评价表。教师根据评分情况调整教学策略。

表 4-5　学生活动过程自评表

班级		姓名		日期	
评价指标	评价内容			分数	分数评定
信息检索	是否能有效利用网络、图书资源、工作手册查找相关信息；是否能用自己的语言有条理地解释、表述所学知识；是否能将查到的信息有效地传递到工作中			10 分	
感知工作	是否熟悉工作岗位，认同工作价值；在工作中是否能获得满足感			10 分	
参与态度	是否积极主动参与工作，吃苦耐劳，崇尚劳动光荣、技能宝贵；与教师、同学之间是否相互尊重、理解；与教师、同学之间是否能保持多向、丰富、适宜的信息交流			10 分	
	是否能做到探究式学习、自主学习而不流于形式，处理好合作学习和独立思考的关系，做到有效学习；是否能提出有意义的问题或能发表个人见解；是否能按要求正确操作；是否能倾听别人的意见、协作共享			10 分	
学习方法	使用的学习方法是否合适；是否有工作计划；操作技能是否符合规范要求；是否能按要求正确操作；是否获得了进一步学习的能力			10 分	
工作过程	是否遵守管理规程和教学要求；平时上课的出勤情况和每天工作任务的完成情况；是否善于从多角度分析问题，能主动发现、提出有价值的问题			15 分	
思维态度	是否能发现问题、提出问题、分析问题、解决问题			10 分	
自评反馈	是否按时按质完成工作任务；是否较好地掌握了专业知识点；是否具有较强的信息分析能力和理解能力；是否具有较为全面、严谨的思维能力并能条理清晰地表达成文			25 分	
自评分数					
有益的经验和做法					
总结反馈					

表 4-6　教师评价表

专业		班级		姓名	
出勤情况					
评价内容	评价要点	考查要点		分数	分数评定
1. 任务描述	口述内容细节	（1）表述仪态自然、吐字清晰		2 分	表述仪态不自然或吐字模糊扣 1 分
		（2）表达思路清晰、层次分明、准确			表达思路模糊或层次不清扣 1 分
2. 任务分析及分组分工情况	依据任务分析知识、分组分工	（1）分析任务关键点准确		3 分	表述思路模糊或层次不清扣 1 分
		（2）涉及理论知识完整，分组分工明确			知识不完整扣 1 分，分工不明确扣 1 分
3. 制订计划	时间	完成任务的时间安排是否合理		5 分	完成任务时间过长或过短扣 1 分
	分组	人员分组是否合理		10 分	分组人数过多或过少扣 1 分
4. 计划实施	准备	（1）分析问题		3 分	无，扣 1 分
		（2）解决问题			无，扣 1 分
		（3）检查任务完成情况			无，扣 1 分
		（4）点评		2 分	无，扣 2 分
合　计				25 分	

任务 3　使用秀米制作"大暑节气"微信图文

1. 任务描述

使用微信扫描如图 4-67 所示的二维码，查看"大暑节气"图文效果。利用秀米对素材进行排版，排版完成后保存、预览、审核图文。

扫码看视频

扫码看视频

图 4-67　"大暑节气"图文效果

2. 学习目标

（1）会调整图片的比例并锁定比例；

（2）会使用裁剪工具裁剪图片；

（3）会使用 SVG 图集制作轮播图；

（4）会使用增亮工具压缩图片；

（5）会使用图片取色工具为调色板增加颜色。

3．思政要点

通过本任务和课后作业，导入二十四节气，引导学生热爱中国传统文化，培养学生的审美观和精益求精的工匠精神。

4．任务分析

1）任务表单

对照表4-7任务单的任务内容和使用工具，完成本任务的实训，将完成情况填写在表4-7中。

表4-7　任务单

序号	任务内容	使用工具	合格性判断	完成情况
1	登录秀米，导入图片素材	计算机	将图片导入到"我的图库"	
2	设计封面、摘要	计算机	制作效果同样例	
3	制作第一页，使用基础布局，设计布局宽度，导入图片，输入文字，设置文字样式	计算机	与图文效果一致	
4	制作第二页，使用基础布局，设计布局宽度，导入图片，输入文字，设置文字样式，对段落进行排版	计算机	与图文效果一致	
5	制作 SVG 图集，使用 5 张图片，将"类型"设置为"滚动"	计算机	与图文效果一致	
6	制作传统习俗页，使用图片取色工具，在荷花上取色，并保存到调色板，应用到"传统习俗"文字上。	计算机	与图文效果一致	
7	最后一页，插入公众号组件，作为引导页	计算机	与图文效果一致	

2）技术难点

锁定图片比例的应用；裁剪图片；SVG 图集的使用；压缩图片；图片取色工具的使用。

学习小提示

学习方法建议：自主学习，探究学习。

学习平台：秀米网站。

学习理念：经师易遇，人师难遇。

5．知识链接

1）锁定图片比例

使用秀米提供的图片模板，或者自己制作的图片版式，在替换图片时，"我的图库"中的图片不一定刚好与原图片的尺寸相同，替换后的效果与原图片版式的差别可能较大，如果想要避免这种情况，那么可以锁定原图片的比例，这样在替换图片时，就能使用原图片的比例了。

锁定图片比例在图片"裁剪"功能设置里，剪裁功能如图 4-68 所示。

图 4-68　裁剪功能

勾选"锁定当前比例"复选框，单击"确定"按钮，之后，不管替换什么宽高比例的图片，都只会应用当前图片的比例，图 4-69 为原图，图 4-70 为未锁定比例的替换效果。

图 4-69　原图

图 4-70　未锁定比例的替换效果

所以，当制作一些多图样式，或者需要图片是固定比例时，就可以将图片比例锁定，保证任何尺寸的图片都可以契合模板图片尺寸，设置锁定比例如图 4-71 所示，锁定比例后的替换效果如图 4-72 所示。

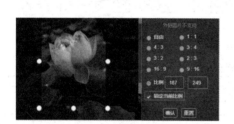

图 4-71　设置锁定比例

图 4-72　锁定比例后的替换效果

2）裁剪图片

先添加一个图片到编辑区，选中图片，在工具条上单击"裁剪"按钮，可以看到相关设置，既可以自由裁剪，也可以按比例裁剪，"裁剪"按钮如图 4-73 所示。

图 4-73　"裁剪"按钮

在图片裁剪一栏中，可以输入想要的图片比例，或者拖曳 8 个圆点，以改变图片的大小，设置完成后单击"确定"按钮即可，裁剪比例如图 4-74 所示。

图 4-74　裁剪比例

3）SVG 图集

"SVG 图集"是将单张或多张图片，利用 SVG 图集自带的抽签、滚动、切换、宫格式切换 4 种效果，制作出一系列好玩、可互动的布局样式。

选择"布局"→"基础布局"选项，可以找到"SVG 图集"布局，如图 4-75 所示。

图 4-75　"SVG 图集"布局

先打开"布局"模式，然后将"SVG 图集"添加到编辑区中，框架本身看着就是单张图片套了层布局，玄机就在这层布局的工具条上，"图集设置"按钮如图 4-76 所示。

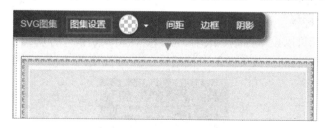

图 4-76　"图集设置"按钮

选中"SVG 图集"布局，单击工具条上的"图集设置"按钮，弹出操作界面，可以添加序列，设置类型、单张时长等，操作界面如图 4-77 所示。

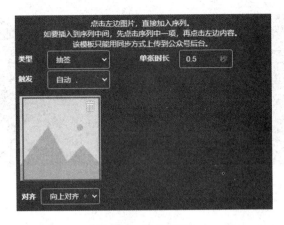

图 4-77　操作界面

先单击"SVG 图集"布局的"图集设置"按钮，然后单击左侧"我的图库"中的图片，就可以添加图片。添加序列时，高度会根据相对较高的图片来计算，所以要保证图片的宽度和高度一致，在图集中添加多张图片如图 4-78 所示。

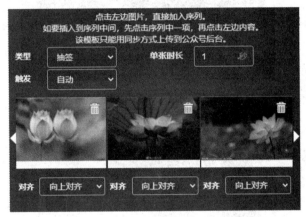

图 4-78　在图集中添加多张图片

如果需要在已有序列中插入新的序列，先单击其中一个序列，再单击左侧"我的图库"中的图片，就可以添加进去了。

要注意的是，图集设置中第一个默认序列无法替换图片，单击左侧也不会跳转到"我的图库"，它只是一个样板，删除就好。

"SVG 图集"布局可以设置抽签、滚动、切换、宫格式切换 4 种动画效果，在"类型"中可以进行切换，当前页面的动画效果就是"抽签"。SVG 图集的动画类型如图 4-79 所示。

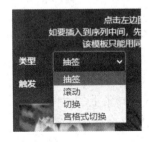

图 4-79　SVG 图集的动画类型

（1）抽签效果：图片自动播放，通过单击动作让图片暂停，这样就能做出来类似新年抽签、桃花签等效果。

（2）滚动效果：使图片向同一个方向自动轮播，既可以单击触发，也可以自动触发，并能够一直循环。使用此效果可以做出图片轮播、电影放映、静态图变动态图等效果。

（3）切换效果：可以设置移出、移入、淡出、淡入 4 种动画，不同的入场和出场动画能一起设置，如移入+淡入、移出+淡出。能够向上、下、左、右 4 个不同方向运动。使用此效果可以做出图片多方向自动切换、倒计时等效果。

（4）宫格式切换：可以设置触发条件，如自动、单击、长按，图片既可以循环播放，也可以向上、下、左、右 4 个不同的方向运动，图片停留时长为 2 秒。

4）压缩图片

单击图片，在图片工具条上有"增强"按钮，如图 4-80 所示，此功能可以调整图片的模糊、亮度、对比度、锐化等。

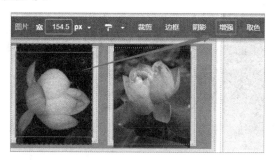

图 4-80　"增强"按钮

在"增强"功能的设置中，"图片压缩"选项列出了 4 种尺寸，即原尺寸（图片本身的尺寸）、640 像素、1280 像素、1920 像素，如图 4-81 所示。

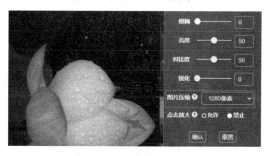

图 4-81　图片压缩尺寸

在压缩图片时，按照实际需求选择压缩尺寸，单击"确认"按钮。此功能可以用来压缩 JPG、PNG、GIF 格式的图片。

如果图片分辨率过大，宽度和高度超过 4096 像素，在复制/同步到微信公众号时，会复制/同步失败。这时就需要对图片进行压缩，一般设置为 1920 像素即可。

如果是带透明像素的 PNG 格式的图片，而且文件超过 2MB，微信会进行压缩，导致透明底变成白底，这时候也需要对图片进行压缩，设置为 1920 像素或 1280 像素即可。

"单击放大"功能在图片工具条的"增强"功能里，有"允许"和"禁止"两个选项，如图 4-82 所示。

图 4-82 "单击放大"功能

在公众号图文里的图片，默认是可以单击放大的。如果希望禁止这种行为，那么可以选中"禁止"单选按钮，这样单击公众号图文中的图片就不会被放大了。

5）图片取色工具

图片工具条上的"取色"按钮如图 4-83 所示。

图 4-83 "取色"按钮

选中图片，单击"取色"按钮，调出图片的"放大版"，使用鼠标指针在图片上扫描，如图 4-84 所示，定位到想要的颜色，单击颜色，图片左下方就会出现颜色块及其颜色值，用户可以将其加入调色板，如图 4-85 所示。

扫码看彩图

图 4-84 扫描取色

图 4-85 "加入调色板"按钮

　　把获取的颜色，先选择"颜色分组"选项，再单击加入对应的调色板。添加完成后，可以在对应颜色分组里看到刚添加的颜色，调色板如图 4-86 所示。

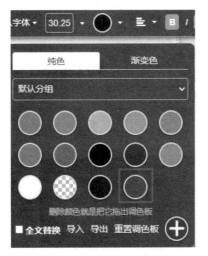

扫码看彩图

图 4-86　调色板

6. 引导问题

引导问题 1：如何对图片进行裁剪？

_____

_____

_____

　　引导问题 2：如何通过 SVG 图集制作轮播图？

_____

_____

_____

　　引导问题 3：如何从图片中取色并应用到文字上？

_____

_____

_____

　　引导问题 4：如何对图片进行压缩？

_____

_____

_____

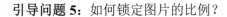

引导问题 5：如何锁定图片的比例？

_____

_____

_____

7．课后作业

立秋是二十四节气中的第 13 个节气，也是秋季的第一个节气。《历书》曰："斗指西南维为立秋，阴意出地始杀万物，按秋训示，谷熟也。"立秋，是阳气渐收、阴气渐长，由阳盛逐渐转变为阴盛的节点。以"立秋"为主题，写一篇文章，使用本任务所学的知识进行排版，审核后发布到微信公众号。

8．学习评价

请学生根据表 4-8 和表 4-9 分别对自己和教师进行公平公正的评价，完成学生活动过程自评表和教师评价表。教师根据评分情况调整教学策略。

表 4-8　学生活动过程自评表

班级		姓名		日期	
评价指标	评价内容			分数	分数评定
信息检索	是否能有效利用网络、图书资源、工作手册查找相关信息；是否能用自己的语言有条理地解释、表述所学知识；是否能将查到的信息有效地传递到工作中			10 分	
感知工作	是否熟悉工作岗位，认同工作价值；在工作中是否能获得满足感			10 分	
参与态度	是否积极主动参与工作，吃苦耐劳，崇尚劳动光荣、技能宝贵；与教师、同学之间是否相互尊重、理解；与教师、同学之间是否能保持多向、丰富、适宜的信息交流			10 分	
	是否能做到探究式学习、自主学习而不流于形式，处理好合作学习和独立思考的关系，做到有效学习；是否能提出有意义的问题或能发表个人见解；是否能按要求正确操作；是否能倾听别人的意见、协作共享			10 分	
学习方法	使用的学习方法是否合适；是否有工作计划；操作技能是否符合规范要求；是否能按要求正确操作；是否获得了进一步学习的能力			10 分	
工作过程	是否遵守管理规程和教学要求；平时上课的出勤情况和每天工作任务的完成情况；是否善于从多角度分析问题，能主动发现、提出有价值的问题			15 分	
思维态度	是否能发现问题、提出问题、分析问题、解决问题			10 分	
自评反馈	是否按时按质完成工作任务；是否较好地掌握了专业知识点；是否具有较强的信息分析能力和理解能力；是否具有较为全面、严谨的思维能力并能条理清晰地表达成文			25 分	
自评分数					
有益的经验和做法					
总结反馈					

表 4-9　教师评价表

专业		班级		姓名	
出勤情况					
评价内容	评价要点	考查要点		分数	分数评定
1. 任务描述	口述内容细节	（1）表述仪态自然、吐字清晰		2 分	表述仪态不自然或吐字模糊扣 1 分
		（2）表达思路清晰、层次分明、准确			表达思路模糊或层次不清扣 1 分
2. 任务分析及分组分工情况	依据任务分析知识、分组分工	（1）分析任务关键点准确		3 分	表达思路模糊或层次不清扣 1 分
		（2）涉及理论知识完整，分组分工明确			知识不完整扣 1 分，分工不明确扣 1 分
3. 制订计划	时间	完成任务的时间安排是否合理		5 分	完成任务时间过长或过短扣 1 分
	分组	人员分组是否合理		10 分	分组人数过多或过少扣 1 分
4. 计划实施	准备	（1）分析问题		3 分	无，扣 1 分
		（2）解决问题			无，扣 1 分
		（3）检查任务完成情况			无，扣 1 分
		（4）点评		2 分	无，扣 2 分
合　计				25 分	

请学生结合本单元的内容和学习情况，完成表 4-10 的学习总结，找出自己薄弱的地方加以巩固。

表 4-10　学习总结

学习时间		姓名	
我学会的知识			
我学会的技能			
我素质方面的提升			
我需要提升的地方			

单元 5

H5 制作技术

学前提示

我们经常在朋友圈或微信群中看到 H5 形式的招聘广告、邀请函、宣传册等，这种 H5 页面有图有文有音乐有动画，非常别致，给人耳目一新的感觉。H5 是技术合集，它是编程、视频处理、音频处理、图片处理、动画制作等多项技术的融合。

本单元通过两个任务，一是使用易企秀制作"遇见春天"H5 页面；二是使用秀米制作"录取通知书投票"H5 页面。教你使用易企秀和秀米制作 H5 页面。

任务 1　使用易企秀制作"遇见春天"H5 页面

1．任务描述

扫码看视频

扫码看视频

　　下载素材包，使用微信扫描如图 5-1 所示的二维码，查看 H5 页面效果。登录易企秀网站，搜索 H5 免费模板"小清新花卉植物多肉促销鲜花促销活动宣传"，打开后免费进行制作。在此基础上，修改封面和标题，添加创作者。单击"图片"按钮，从本地上传素材包中的所有素材，选择一个页面，模板如效果图，编辑小标题、文字介绍，替换图片和背景图。保存并预览，编辑标题和描述，设置浏览样式、分享样式、翻页方式，最后发布 H5 页面。

图 5-1　"遇见春天"H5 页面效果

2．学习目标

（1）会使用微信或 QQ 的扫一扫功能；

（2）使用计算机查找易企秀，会注册、登录；

（3）会在易企秀中搜索想要的模板；

（4）会对模板进行编辑和发布；

（5）会新建空白模板，并灵活使用易企秀提供的工具和动画；

（6）能够根据需求制作 H5 页面，生成海报并推广；

（7）懂得易企秀的操作规范，具备新媒体工作人员的敬业精神，以及精益求精的质量意识。

3．思政要点

通过本任务，引导学生发现美，热爱校园、热爱大自然。培养学生分析问题、解决问题的能力，通过任务评价培养学生的质量意识和敬业精神。

4．任务分析

1）任务表单

对照表 5-1 任务单的任务内容和使用工具，完成本任务实训，将完成情况填写在表 5-1 中。

表 5-1　任务单

序号	任务内容	使用工具	合格性判断	完成情况
1	下载素材包	计算机	下载完成	
2	使用计算机注册并登录易企秀	计算机	登录完成	

序号	任务内容	使用工具	合格性判断	完成情况
3	搜索 H5 免费模板"小清新花卉植物多肉促销鲜花促销活动宣传"并打开	计算机	找到指定 H5 模板	
4	编辑首页:从图文样式中找一个标题,修改文字、颜色;从艺术字样式中找一个样式,修改为"校园芬芳,百花争艳",在右下角输入制作单位	计算机	与 H5 页面效果一致	
5	导入本地图片:单击"图片"按钮,选择本地上传,上传素材包中的所有素材	计算机	与 H5 页面效果一致	
6	制作第 2 页:修改小标题文字,输入正文文字,将对齐方式设置为两端对齐,文字大小为 14 号,文字颜色为"rgba(0,64,2,100)";双击需要替换的图片,选择"我的图片"选项卡中的图片进行替换,使用同样的方法替换背景图片	计算机	与 H5 页面效果一致	
7	第 3 页～第 10 页的制作方法同第 2 页	计算机	与 H5 页面效果一致	
8	选择带地图页的模板,将标题文字修改为"欢迎参观"。单击地图,在样式编辑框中输入"山东传媒职业学院",搜索位置,单击后即可替换地图。输入时间、地址、电话、邮箱信息	计算机	与 H5 页面效果一致	
9	制作最后一页:输入小标题"预约说明",双击二维码替换图片,删除不需要的内容	计算机	与 H5 页面效果一致	
10	删掉其他没有的页面	计算机	与 H5 页面效果一致	
11	保存,预览设置:标题为"遇见春天,在山传";描述为"用相机记录五彩斑斓的春天的校园";浏览样式为"展示个人主页";分享方式开启"设置微信分享时样式"开关;翻页方式为"上下翻页 常规 应用所有页面"。发布 H5 页面	计算机	发布成功	

2)技术难点

注册易企秀账号;搜索和选择模板;编辑模板;工具的使用;页面设置和图层管理、页面管理;发布文件。

学习小提示

学习方法建议:自主学习,探究学习。

学习平台:易企秀。

学习理念:经师易遇,人师难遇。

5. 知识链接

H5 是一系列制作网页互动效果的技术集合,即移动端的 Web 页面。之所以使用 H5 页面进行活动宣传，是因为 H5 页面具有更强的互动性、更高的质量，更具话题性，可以促进用户分享传播。

　　制作 H5 页面常用的工具有易企秀、MAKA、兔展等，这些工具均可以在计算机端和手机端同步操作，且制作方法相似，下面以易企秀为例，介绍具体步骤。

　　易企秀是一款针对移动互联网营销的手机幻灯片、H5 场景应用制作工具，它将原来只能在计算机端制作和展示的各类复杂营销方案转移到更方便携带和展示的手机上，用户可以根据自己的需要随时随地在计算机端、手机端进行制作和展示，随时随地进行营销。使用易企秀制作 H5 页面的步骤如下。

　　第一步：登录易企秀。

　　在计算机端打开易企秀官网，既可以使用手机号码、注册邮箱及用户名登录，也可以使用第三方账户，如微信、QQ、微博、钉钉和企业微信登录，登录界面如图 5-2 所示。

　　登录易企秀后，主页面的左侧为导航栏，包含"精选推荐""创意设计""其他"3 部分，如图 5-3 所示。中间部分为"模板分类"和"模板展示"区域。在"模板分类"区域中，模板分为 6 种类型：H5 模板、海报模板、长页模板、表单模板、互动 H5 模板、视频模板。

图 5-2　登录界面　　　　　　　　　　　图 5-3　易企秀导航栏

第二步：搜索 H5 模板。

选择页面上方的"免费模板"选项进入模板合集，查看平台提供的所有模板，如图 5-4 所示。另外，也可以通过页面下方的搜索框查找需要的模板。

图 5-4　查看平台提供的所有模板

第三步：挑选并编辑模板。

选中需要的模板，单击即可进入预览模式。如果确定使用该模板，则可以单击右侧的"使用该模板"按钮，进入模板的编辑页面。

模板的编辑页面分为 4 个区域，分别是最左侧的模板素材区，中间的工具栏和预览区，以及最右侧的图层页面管理区，如图 5-5 所示。

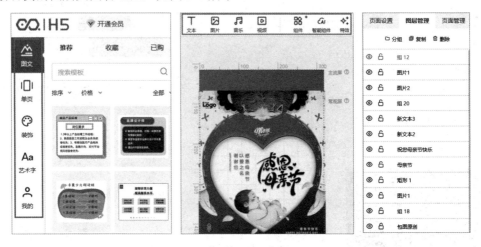

图 5-5　模板的编辑页面

第四步：修改模板中的图文元素。

进入模板的编辑页面后，在页面右侧"页面管理"选项卡中可以看到该模板的页数，以及每张页面包含的元素图层。例如，在"页面管理"选项卡中选择第二页，在"预览区"即可看到第二页的内容。

在"图层管理"选项卡中可以看到该页面包含的所有素材图层。例如，预览区中的文字，在"图层管理"选项卡中对应的是"新文本 2"图层。图层和原图素材一一对应，便于用户更精准地修改素材，以免在修改中误改了其他内容。

在预览区中双击需要修改的部分，例如，双击正文文本部分，即可直接对文字进行修改，同时右侧会出现"组件设置"对话框，可以对正文文本的字体、字号、文字颜色、背景颜色、行间距、字间距等属性进行修改和调整。

　　同样，双击预览区中其他的素材也可以进行设置与修改。例如，双击模板中的图片，就可对其动画、样式、触发等相关属性进行修改。

　　第五步：添加新素材。

　　除了修改模板中现有的素材，用户也可以加入其他需要的素材，工具栏中有常用的素材，包含文本、图片、音乐、视频、组件、智能组件、特效，选择其中的一个选项后即可插入新的内容。

　　另外，页面左侧的模板素材区中有更丰富的模板内容供用户挑选，如图 5-6 所示，其中包含"图文""单页""装饰""艺术字"等。

图 5-6　模板素材区

　　在"元素模板"中可以选择添加文本、艺术字、图片和图文，选中素材即可添加并预览。

　　"功能模板"包含"推荐""互动""营销""动效""排版""常用"6 个选项。其中，"互动"选项是新媒体运营者可以用来增加与粉丝互动的板块，包含播放器、留言板、摇一摇、模拟通话、雷达、微信社交等功能，能提高 H5 页面的趣味性；"营销"选项中有抽奖、红包、二维码、微官网等功能，可以用来更好地宣传品牌；"动效"选项包含快闪、背景动画、开屏动画、重力感应等功能，能增添 H5 的视觉效果；"排版"选项包含相册、图文、封面、展示等功能，实现了不同的排版需求；"常用"选项包含表单、投票、地图、图表等功能，可帮助新媒体运营者通过 H5 页面收集用户信息、采集意见，以及展示更全面的活动信息等。

　　"单页模板"中包含推荐、封面、图文、时间轴、表单、尾页、图集、场景等模块，其模块基本涵盖了目前所有 H5 页面使用的场景，方便了新媒体运营者的使用，大大提高了效率。

　　第六步：保存、发布。

　　完成制作之后，单击页面上方的"预览和设置"按钮，可以进行基础设置，包括标题、描述、微信分享时样式、翻页方式、自定义音乐图标、作品访问状态等。在"品牌设置"区域中可以加入自定义的 Logo、尾页和底标等品牌元素。

　　单击"发布"按钮，可得到 H5 页面的发布链接、二维码等，新媒体运营者可以在微信、微博等平台进行宣传，"保存"和"发布"按钮如图 5-7 所示。

图 5-7　"保存"和"发布"按钮

另外，新媒体运营者如果没有找到合适的 H5 模板，那么可以自己进行创作。将鼠标指针移动到账号头像上，在弹出的下拉列表中选择"我的作品"选项，即可找到"空白创建"选项。

选择"空白创建"选项，在弹出的"创建作品"对话框中选择"H5"→"空白创建"选项。新生成的空白模板分为 4 个区域，分别是模板素材区、工具栏、预览区、图层页面管理区，新媒体运营者可以自由选择需要插入的页面、字体、图片，并为其设置特效等，制作一个完全原创的 H5 页面。新建空白的 H5 页面如图 5-8 所示。

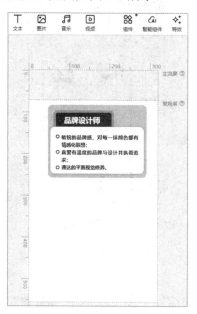

图 5-8　新建空白的 H5 页面

6．引导问题

引导问题 1：注册易企秀账号，可以采用哪几种方法？

_____

_____

_____

引导问题 2：通过易企秀可以制作哪几类产品？

_____

_____

_____

引导问题 3：易企秀平台有无为新手提供使用教程？

_____

_____

引导问题 4：易企秀提供的模板可以再编辑吗？如果可以，能保存为自己的模板吗？

_____

_____

引导问题 5：在编辑 H5 页面时，可以导入 PSD 格式的素材吗？

_____

_____

_____

引导问题 6：可以对模板中已有的动画进行更改吗？

_____

_____

引导问题 7：易企秀提供的素材都免费吗？

_____

_____

引导问题 8：已发布的作品可以直接分享到什么平台？

_____

_____

7．课后作业

（1）利用易企秀，创建 H5 空白页面，制作一个招生宣传的海报，最终生成海报。

（2）利用易企秀，选择一个长页模板，以劳动节为主题，制作长页并发布。

8．学习评价

请学生根据表 5-2 和表 5-3 分别对自己和教师进行公平公正的评价，完成学生活动过程自评表和教师评价表。教师根据评分情况调整教学策略。

表 5-2　学生活动过程自评表

班级		姓名		日期	
评价指标		评价内容		分数	分数评定
信息检索		是否能有效利用网络、图书资源、工作手册查找相关信息；是否能用自己的语言有条理地解释、表述所学知识；是否将查到的信息有效地传递到工作中		10 分	
感知工作		是否熟悉工作岗位，认同工作价值；在工作中是否能获得满足感		10 分	
参与态度		是否积极主动参与工作，吃苦耐劳，崇尚劳动光荣、技能宝贵；与教师、同学之间是否相互尊重、理解；与教师、同学之间是否能保持多向、丰富、适宜的信息交流		10 分	
		是否能做到探究式学习、自主学习而不流于形式，处理好合作学习和独立思考的关系，做到有效学习；是否能提出有意义的问题或能发表个人见解；是否能按要求正确操作；是否能倾听别人的意见、协作共享		10 分	
学习方法		使用的学习方法是否合适；是否有工作计划；操作技能是否符合规范要求；是否能按要求正确操作；是否获得了进一步学习的能力		10 分	
工作过程		是否遵守管理规程和教学要求；平时上课的出勤情况和每天工作任务的完成情况；是否善于从多角度分析问题，能主动发现、提出有价值的问题		15 分	
思维态度		是否能发现问题、提出问题、分析问题、解决问题		10 分	
自评反馈		是否按时按质完成工作任务；是否较好地掌握了专业知识点；是否具有较强的信息分析能力和理解能力；是否具有较为全面、严谨的思维能力并能条理清晰地表达成文		25 分	
自评分数					
有益的经验和做法					
总结反馈					

表 5-3　教师评价表

专业		班级		姓名	
出勤情况					
评价内容	评价要点	考查要点		分数	分数评定
1. 任务描述	口述内容细节	（1）表述仪态自然、吐字清晰		2 分	表述仪态不自然或吐字模糊扣 1 分
		（2）表达思路清晰、层次分明、准确			表达思路模糊或层次不清扣 1 分
2. 任务分析及分组分工情况	依据任务分析知识、分组分工	（1）分析任务关键点准确		3 分	表达思路模糊或层次不清扣 1 分
		（2）涉及理论知识完整，分组分工明确			知识不完整扣 1 分，分工不明确扣 1 分
3. 制订计划	时间	完成任务的时间安排是否合理		5 分	完成任务时间过长或过短扣 1 分
	分组	人员分组是否合理		10 分	分组人数过多或过少扣 1 分

专业		班级		姓名	
出勤情况					
评价内容	评价要点	考查要点		分数	分数评定
4．计划实施	准备	（1）分析问题		3 分	无，扣 1 分
		（2）解决问题			无，扣 1 分
		（3）检查任务完成情况			无，扣 1 分
		（4）点评		2 分	无，扣 2 分
合　计				25 分	

任务 2　使用秀米制作"录取通知书投票"H5 页面

1．任务描述

使用微信扫描如图 5-9 所示的二维码，查看"录取通知书投票"H5 页面效果，下载素材包，使用计算机打开秀米网站，使用手机号码注册并登录。新建一个 H5 页面，将素材包上传到"我的图库"，根据页面效果制作 H5 页面，保存、预览、审核后发布 H5 页面。

图 5-9　"录取通知书投票"H5 页面效果

2．学习目标

（1）学会使用手机号码或 QQ、微信注册和登录秀米；

（2）能够从模板中筛选和查找想要的模板，能编辑模板，保存为"我的 H5"；

（3）熟悉 H5 页面编辑状态下的工具，会使用秀米提供的各种素材；

（4）会使用文字、段落、动画、对齐、裁剪等工具；

（5）能够分辨固定页面和长图的区别；

（6）能够独立根据要求编辑和发布 H5 页面。

3．思政要点

通过完成本任务，引导学生珍惜现在的学习机会，不忘初心。通过课后作业制作"十大爱国人物"宣传册，使学生敬仰英雄、热爱祖国，培养能够担当民族大任的时代新人。

4．任务分析

1）任务表单

对照表 5-4 任务单的任务内容和使用工具，完成本任务实训，将完成情况填写在表 5-4 中。

表 5-4　任务单

序号	任务内容	使用工具	合格性判断	完成情况
1	注册并登录秀米平台	计算机	登录成功	
2	新建一个 H5 页面	计算机	新建成功	
3	下载素材包，并上传到"我的图库"	计算机	导入成功	
4	制作封面：输入标题"2022 级新生'我和我的通知书'投票活动来了！" 插入封面图，导入背景音乐 Everybody Smiles	计算机	与 H5 页面效果一致	
5	第 1 页：导入纯色背景#4953，将标题字体设置为"德彪钢笔行书字库"，47 号，颜色为"rgb(255,129,36)"。页面组件选择#40683 和#39853，文字组合选择#39899	计算机	与 H5 页面效果一致	
6	第 2 页：选择单图图文模板#40791，删除图片，输入正文文字，文字大小为 14 号，行间距为 1.6 倍，装饰色块的颜色使用#ff8124，输入白色小标题"背景"和"流程"，线条颜色与装饰色块的颜色保持一致。背景和组件同第 5 步	计算机	与 H5 页面效果一致	
7	第 3 页：导入页面版式#40587，将标题修改为"1 号作品 张安太 张昕"，样式不变，将设计理念复制到页面中，替换两张录取通知书图片，调整图片的大小和位置，背景和组件同第 5 步	计算机	与 H5 页面效果一致	
8	第 4 页：导入页面版式#40745，将上下色块内的文字修改为"效果图"，导入两张录取通知书，调整图片的位置和大小。背景和组件同第 5 步	计算机	与 H5 页面效果一致	
9	第 5 页：复制第 3 页为第 5 页，替换文字，删除图片	计算机	与 H5 页面效果一致	
10	第 6 页：复制第 3 页为第 6 页，删除文字，替换图片，调整图片的位置和大小	计算机	与 H5 页面效果一致	
11	第 7 页：复制第 4 页为第 7 页，替换图片，调整图片的位置和大小	计算机	与 H5 页面效果一致	
12	重复第 9 步和第 11 步，制作页面 8～11	计算机	与 H5 页面效果一致	
13	投票页：新建固定页面，导入页面模板#5681，将标题修改为"请投票"，删除中间的文字部分，导入表单组件#2532，输入页面中的内容。	计算机	与 H5 页面效果一致	
14	保存，预览，审核	计算机、手机	手机扫码观看一致	

2）技术难点

模板的使用；页面组件的使用；图片的导入；分享与审核。

学习小提示

学习方法建议：自主学习，探究学习。

学习平台：秀米网站。

教育理念：教师是火种，点燃了学生的心灵之火；教师是石阶，承受着学生一步步踏实地向上攀登。

5．知识链接

H5 是针对移动端的一种营销方式，可以制作集文字、图片、音乐等信息形式于一身的展示页面，可以制作电子相册、宣传手册、电子贺卡、邀请函等。

1）使用 H5 前的准备工作

在秀米首页，选择"新建一个 H5"选项，如图 5-10 所示，进入 H5 编辑页面。H5 制作其实跟图文排版很相似。

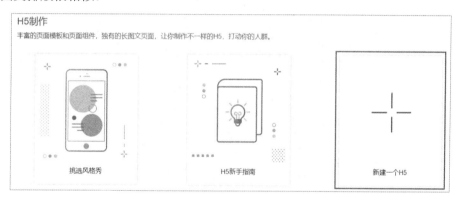

图 5-10　选择"新建一个 H5"选项

（1）左侧素材区。

H5 编辑页面的素材区在默认状态下分为"页面版式""页面组件""版式收藏""剪贴板""我的图库""我的音乐"，如图 5-11 所示。

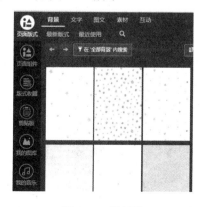

图 5-11　素材区

页面版式：提供多种模板，选择后将模板添加到编辑区。

页面组件：提供图片、边框、形状、文字、组件等样式，选择后自动添加到编辑区。

版式收藏：是指收藏的已经制作的页面，通过编辑区的"收藏版式"按钮进行收藏。

剪贴板：会将复制的内容保留在剪贴板中，也可以将剪贴板中的素材重新应用到页面。

我的图库：是从计算机本地或网络上传的图片，而且只能是图片，最多为 100 张，既可以批量管理，也可以清空。

我的音乐：有系统自带的音乐，也可以本地上传，单击即可使用。

（2）中间编辑区。

编辑区分为两块，上方为设置 H5 封面图、标题、摘要与主题音乐的区域，下方为 H5 正文编辑的区域。用户在编辑区设计 H5 页面，从左侧素材区选择素材并添加到编辑区，在编辑区可以调整素材的位置、动画等。编辑区如图 5-12 所示。

图 5-12　编辑区

（3）顶部菜单区。

顶部菜单区显示 H5 文件制作完成后需要的操作按钮，可以在这里打开、预览、保存 H5 文件，或者进行更多其他操作，如图 5-13 所示。

图 5-13　顶部菜单区

"打开"按钮：单击这个按钮，可以在 H5 编辑页面中，快速打开往期制作的任意一个 H5

文件，并对其进行编辑。

"预览"按钮：单击这个按钮，可对 H5 页面进行预览，查看预览效果；在预览页面可以获取二维码与链接。

"保存"按钮：H5 页面制作完成后，单击这个按钮，可以将 H5 页面保存到"我的 H5"页面中。

"更多"按钮：单击这个按钮，可以选择"新建一个 H5""另存一个 H5""另存给其他用户"等选项。例如，选择"查看 H5 的状态"选项，可以获取一些与 H5 相关的数据，如果采用的是风格秀，还可以使用收集图片功能，将当前页面的图片放到"我的图库"中。

下面分步介绍 H5 页面的制作过程。

第一步：将页面添加到编辑区域。

H5 可以添加固定页和长图文，添加不同的页面，素材区和编辑区也会有不同的显示。

"添加固定页"按钮：默认会自动添加一个空白的固定页面，如图 5-14 所示。

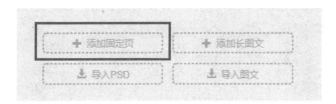

图 5-14　"添加固定页"按钮

固定页面的功能：在 H5 编辑页面的右侧，有一排辅助按钮，如图 5-15 所示。

图 5-15　辅助按钮

①快速添加文本模板：页面添加编辑区后，需要对内容进行调整。如果页面有文字、模块，可以直接选中修改；如果需要新添加一段文字，就可以单击这个按钮，将一个文字模板快速添加到页面上。

②动态预览：在制作好某一页的内容后，如果想直接预览效果，就单击这个按钮，预览当前页面。

③设置页面背景：单击这个按钮，可以设置当前页面的背景、背景音乐，以及背景组。

④编辑辅助：使用编辑辅助功能可以快速选中页面中的组件，以及调整组件的前后顺序。

⑤收藏页面：在制作好某个页面后，如果后期还想继续使用，那么可以单击这个按钮，将它收藏到左侧的"版式收藏"中。

⑥复制页面：在制作 H5 页面的过程中，可能在不同页面中制作相同的组件，如果重复制

作比较浪费时间，那么可以单击"复制页面"按钮，复制当前页面，复制的页面会直接显示在当前页面的后面。

⑦删除页面：将当前页面删除。

"添加长图文"按钮：单击编辑区下方的"添加长图文"按钮，即可添加一个长图文页面，如图 5-16 所示。

图 5-16 "添加长图文"按钮

长图文页面的功能：长图文页面的功能同样在页面右侧，如图 5-17 所示。

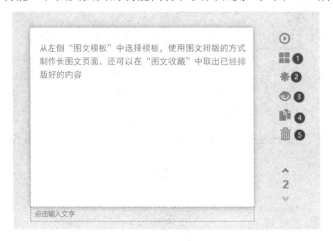

图 5-17 长图文页面的功能

①布局模式：长图文页面相当于可以设置动画效果、背景音乐的图文排版，所以具有"布局模式"按钮。

②设置全文属性：在固定页面中，这个按钮叫作"设置页面背景"，因为都是与页面背景相关的编辑操作。而如果编辑的是长图文页，则更倾向于对整个页面中的模板、组件、背景及文字内容进行设置。设置全文属性工具条如图 5-18 所示。

图 5-18 设置全文属性工具条

其他的 3 个按钮，"动态预览"、"复制页面"和"删除页面图标"，与固定页面中按钮的功能相同。

第二步：查看当前编辑区。

将页面添加到编辑区后，无论是长图文页面，还是固定页面，在当前编辑区都会高亮显示（蓝色阴影），如图 5-19 所示。

扫码看彩图

图 5-19 高亮显示

这个蓝色阴影边框表示"正在该页面上编辑"。

第三步：查看添加页面的素材类型。

添加长图文页面，右侧 5 个按钮中的第 2 个按钮是"布局模式"按钮，这说明当前页是长图文页面，如果添加的页面是固定页面，那么是没有这个按钮的，如图 5-20 所示。

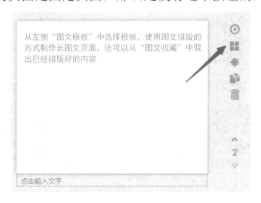

图 5-20 "布局模式"按钮

另外，固定页面右侧 6 个按钮中的第一个按钮为"快速添加文本模板"按钮，如图 5-21 所示。长图文页面快速添加文字的文本编辑区在编辑区下方的虚线框中，如图 5-22 所示。

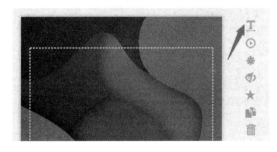

图 5-21 固定页面的"快速添加文本模板"按钮   图 5-22 长图文页面的文本编辑区

如果添加的是长图文页面，那么在左侧素材区会显示"图文模板"选项，如图 5-23 所示，与图文排版中系统模板显示的素材是一样的。

如果添加的是固定页面，那么在左侧素材区会显示"页面版式"选项，如图 5-24 所示。

第四步：设置素材动画效果、预览。

无论是固定页面还是长图文页面，设置素材组件的动画效果都可以先直接选中素材，单击工具条上的"无动画"按钮，如图 5-25 所示，设置该素材的动画效果。再单击右侧的"动态预览"按钮，即可预览当前设置的动画。

图 5-23　"图文模板"选项

图 5-24　"页面版式"选项

图 5-25　"无动画"按钮

第五步：设置封面。

在编辑区上方可以设置 H5 页面的标题、摘要、封面图、加载图与主题音乐等，如图 5-26 所示。

图 5-26　设置封面

封面图也就是分享到微信时显示的图片。单击封面，左侧素材区自动切换到"我的图库"，单击需要替换的图片即可。

加载图则是在 H5 页面加载内容时显示的小图片，一般放企业的 Logo 或品牌图片。

设置主题音乐。H5 页面一共有 3 个设置背景音乐的地方，在封面设置区域添加的音乐是整个 H5 页面的背景音乐。如果没有在具体的页面中再设置音乐，它会一直播放到 H5 页面预览结束。

单击"单击选择音乐"按钮，左侧素材区自动切换到"音视频"，用户既可以按照自己的喜好，选择系统音乐里的音乐，也可以使用自己上传的本地音乐。

第六步：发布。

编辑完成后，单击"保存"按钮并预览，如图 5-27 所示，系统对编辑内容进行审核，审核完成后可以获得一个链接和一个二维码。用户可以直接将链接和二维码分享给微信好友或分享到朋友圈中。分享二维码如图 5-28 所示。

图 5-27　预览

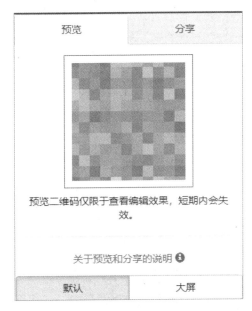

图 5-28　分享二维码

如果想要在微信图文中使用秀米 H5，那么可以使用以下方法。

（1）设置成一篇微信图文的原文阅读链接。

（2）自定义菜单，可以直接跳转链接。

（3）在微信图文中插入一个 H5 页面的二维码图片，提示长按扫描。

（4）后台的自动回复，可以输入链接。

6.引导问题

引导问题 1：如何注册秀米账号并登录？

引导问题 2：在秀米中，如何为 H5 页面添加背景音乐？

_____

_____

_____

引导问题 3：在秀米中，如何在 H5 页面中添加视频？

_____

_____

_____

引导问题 4：H5 页面的翻页效果有哪几种？

_____

_____

_____

引导问题 5：如何将 H5 页面保存为二维码？

_____

_____

_____

引导问题 6：如何将 H5 页面另存给其他用户？

_____

_____

_____

7．课后作业

（1）利用秀米制作"十大爱国人物"宣传册，收集 10 位爱国人物及其事迹，要求图文并茂，添加背景音乐，制作 H5 宣传册，保存、审核后分享到朋友圈。

（2）利用秀米制作"校园一瞥"长图，从校园中至少取景 10 张，编写合适的文案，要求图文并茂，色调统一，保存成长图。

8．学习评价

请学生根据表 5-5 和表 5-6 分别对自己和教师进行公平公正的评价，完成学生活动过程自评表和教师评价表。教师根据评分情况调整教学策略。

表 5-5 学生活动过程自评表

班级			姓名		日期	
评价指标		评价内容			分数	分数评定
信息检索		是否能有效利用网络、图书资源、工作手册查找相关信息；是否能用自己的语言有条理地解释、表述所学知识；是否能将查到的信息有效地传递到工作中			10 分	
感知工作		是否熟悉工作岗位，认同工作价值；在工作中是否能获得满足感			10 分	
参与态度		是否积极主动参与工作，吃苦耐劳，崇尚劳动光荣、技能宝贵；与教师、同学之间是否相互尊重、理解；与教师、同学之间是否能保持多向、丰富、适宜的信息交流			10 分	
		是否能做到探究式学习、自主学习而不流于形式，处理好合作学习和独立思考的关系，做到有效学习；是否能提出有意义的问题或能发表个人见解；是否能按要求正确操作；是否能倾听别人的意见，协作共享			10 分	
学习方法		使用的学习方法是否合适；是否有工作计划；操作技能是否符合规范要求；是否能按要求正确操作；是否获得了进一步学习的能力			10 分	
工作过程		是否遵守管理规程和教学要求；平时上课的出勤情况和每天完成工作任务的完成情况；是否善于从多角度分析问题，能主动发现、提出有价值的问题			15 分	
思维态度		是否能发现问题、提出问题、分析问题、解决问题			10 分	
自评反馈		是否按时按质完成工作任务；是否较好地掌握了专业知识点；是否具有较强的信息分析能力和理解能力；是否具有较为全面、严谨的思维能力并能条理清晰地表达成文			25 分	
自评分数						
有益的经验和做法						
总结反馈						

表 5-6 教师评价表

专业		班级		姓名	
出勤情况					
评价内容	评价要点	考查要点		分数	分数评定
1. 任务描述	口述内容细节	（1）表述仪态自然、吐字清晰		2 分	表述仪态不自然或吐字模糊扣 1 分
		（2）表达思路清晰、层次分明、准确			表达思路模糊或层次不清扣 1 分
2. 任务分析及分组分工情况	依据任务分析知识、分组分工	（1）分析任务关键点准确		3 分	表达思路模糊或层次不清扣 1 分
		（2）涉及理论知识完整，分组分工明确			知识不完整扣 1 分，分工不明确扣 1 分

专业		班级		姓名	
出勤情况					
评价内容	评价要点	考查要点		分数	分数评定
3. 制订计划	时间	完成任务的时间安排是否合理		5分	完成任务时间过长或过短扣1分
	分组	人员分组是否合理		10分	分组人数过多或过少扣1分
4. 计划实施	准备	（1）分析问题		3分	无，扣1分
		（2）解决问题			无，扣1分
		（3）检查任务完成情况			无，扣1分
		（4）点评		2分	无，扣2分
合　计				25分	

请学生结合本单元的内容和学习情况，完成表 5-7 的学习总结，找出自己薄弱的地方加以巩固。

表5-7　学习总结

学习时间		姓名	
我学会的知识			
我学会的技能			
我素质方面的提升			
我需要提升的地方			

单元 6

短视频制作技术

学前提示

短视频是一种互联网内容的传播方式。随着移动终端的普及和网络的提速，短、平、快的大流量传播内容逐渐获得平台、粉丝和资本的青睐。微博、秒拍、快手、今日头条纷纷入局短视频行业，短视频行业逐渐崛起一批优质 UGC 内容制作者，短视频的编辑到底使用什么软件呢？

本单元将通过 3 个任务介绍短视频编辑软件剪映的使用。一是通过情感类短视频介绍转场、录音、字幕功能的使用；二是通过九宫格卡点短视频介绍音乐、特效、蒙版功能的使用；三是通过旅游 Vlog 介绍关键帧、曲线变速功能的使用。

值得大家注意的是，短视频编辑软件更新迭代速度快，但新旧版本的功能、特性大致相同，希望大家能够通过本书的案例触类旁通，学会自己搜索、使用最新版本的短视频编辑软件。

任务1　使用剪映制作情感类短视频

1．任务描述

打开浏览器，搜索"剪映"，下载、安装并打开剪映。扫描如图6-1所示的二维码观看视频效果。下载素材包，打开单元6、任务1的素材文件夹，在剪映中导入音视频素材，完成情感类短视频的制作。

图6-1　情感类短视频效果

2．学习目标

（1）会进行多段视频的添加与分割；
（2）会设置视频比例并添加视频专属背景；
（3）会添加视频转场效果；
（4）会关闭视频原声并添加音频音效；
（5）会进行真人录音与变声；
（6）会添加文本字幕；
（7）会添加贴纸。

3．思政要点

通过情感类短视频的拍摄和剪辑，激发学生的爱国情怀。通过本任务，培养学生分析问题、解决问题的能力，培养学生精益求精的工匠精神。通过引导问题和课后作业，培养学生的知识迁移能力和创新精神。

4．任务分析

1）任务表单

对照表6-1任务单的任务内容和使用工具，完成本任务实训。将完成情况填写在表6-1中。

表6-1　任务单

序号	任务内容	使用工具	合格性判断	完成情况
1	下载、安装剪映	计算机	下载、安装完成	
2	打开剪映，导入多段视频素材，并添加到时间线	计算机	添加完成	

续表

序号	任务内容	使用工具	合格性判断	完成情况
3	对视频进行剪辑分割	计算机	剪辑完成	
4	添加视频转场效果	计算机	添加完成	
5	将视频比例设置为 9：16，并添加画布模糊背景	计算机	设置添加完成	
6	关闭视频原声，添加音频"把一切献给党"	计算机	添加完成	
7	进行真人录音，可适当使用变声	计算机	录音完成	
8	添加文本字幕，并设置文本动画	计算机	添加设置完成	
9	添加贴纸，对视频进行点缀	计算机	添加完成	

2）技术难点

添加视频转场效果；添加文本字幕并设置文本动画。

学习小提示

学习方法建议：自主预习，探究学习。

学习平台：剪映。

学习理念：学而不思则罔，思而不学则殆。

5．相关知识链接

1）认识剪映的工作环境

首先，我们来认识一下剪映的工作环境。剪映的编辑界面分为素材面板、播放器面板、时间线面板、功能面板 4 部分，如图 6-2 所示。

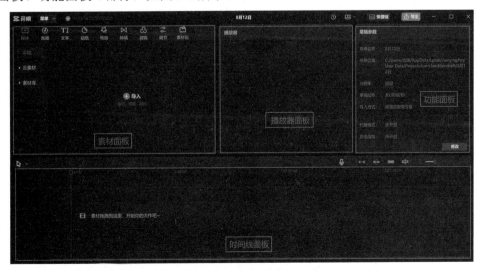

图 6-2　剪映的编辑界面

2）创建或打开已有草稿

打开剪映，首先进入的是剪映的欢迎界面，如图 6-3 所示。与移动端不同的是，剪映的本地草稿、我的云空间、小组云空间、热门活动等分类设置在了界面的左侧，方便大屏操作。单击"开始创作"按钮，即可进入编辑界面，新建一个草稿。单击右上角的"关闭"按钮，剪映自动将草稿保存至草稿区，方便下次继续操作。

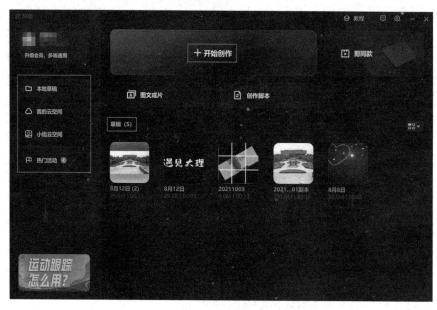

图 6-3　剪映的欢迎界面

3）导入素材

单击"开始创作"按钮，进入编辑界面，如图 6-4 所示。在素材面板中单击"导入"按钮，即可导入本地素材。用户也可以选择左侧的"云素材"选项，共享存储在"我的云空间"中的素材，方便在有网络的地方随时使用。选择"素材库"选项，可以下载海量的线上素材，以获得更加丰富的音视频素材。

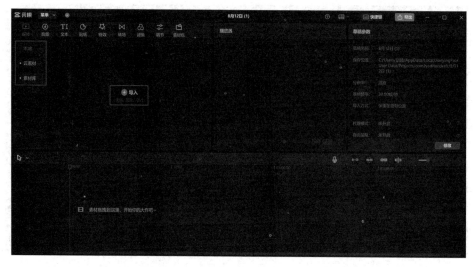

图 6-4　编辑界面

4）将素材添加到时间线面板

在素材面板中导入的素材可以按照自己想到的顺序，自定义拖曳到时间线面板中。也可以将鼠标指针悬停在想要添加的素材上，单击素材右下角的"+"按钮，如图 6-5 所示，将素材添加到轨道上。当在剪辑过程中对素材进行删减或替换时，可以在素材面板中快速找到需要的素材，无须重复导入。

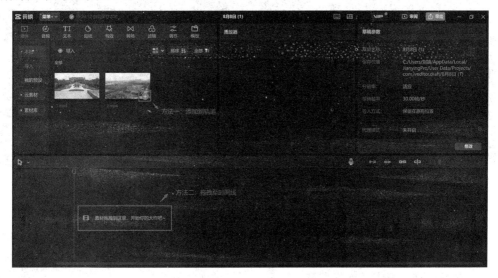

图 6-5　将素材添加到时间线面板

5）设置视频比例，并添加画布模糊背景

单击播放器面板右下角的"适应"按钮，可以调整视频的显示比例，抖音短视频的常用比例为 9∶16，如图 6-6 所示。为了满足抖音竖屏为王的特性，如果是横屏作品，那么可以先选中时间线上的视频片段，然后选择功能面板中的"基础"选项，在"基础"选项卡中，依次对"背景填充""模糊"选项进行调整，做成伪竖屏，如图 6-7 所示。注意，多个视频片段同时调整背景填充时，可以单击"全部应用"按钮，实现一键式调整。

图 6-6　设置视频比例

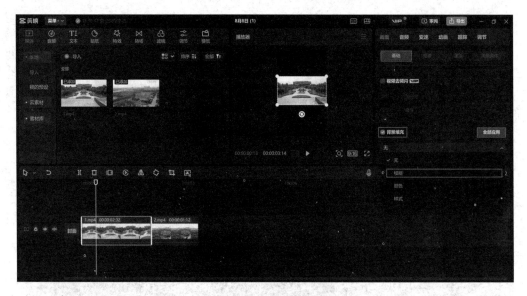

图 6-7　调整背景填充

6）剪辑视频

在时间线面板上，可以调整视频播放的顺序。选中视频（当出现白色方框时，即为选中），将鼠标指针放在视频片段开始或结束的位置，当鼠标指针变成左右箭头时，按住鼠标左键进行拖曳，可以对视频进行裁剪。用户也可以通过时间线的定位，单击"分割"按钮，配合 Delete 键，对视频进行分割，并将多余的部分删除，如图 6-8 所示。

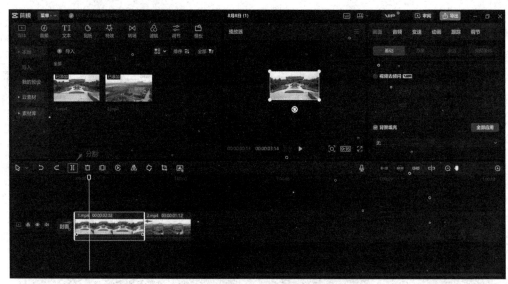

图 6-8　分割视频

7）为视频添加转场效果

单击素材面板中的"转场"按钮，可以在两个视频片段之间添加转场效果，具体转场效果可以在左侧转场效果分类中选择，添加方式与将素材添加到时间线面板中的方法相似，在此不再赘述。用户也可以根据需求，配合功能面板对转场时长进行进一步设置，如图 6-9 所示。

图 6-9 添加转场效果并设置转场时长

8）添加音频或音效

单击素材面板中的"音频"按钮，可以为作品添加背景音乐、音效等，烘托作品气氛。剪映提供了丰富的音乐素材供用户选择。用户可配合音频分类添加需要的音乐素材。添加方式与将素材添加到时间线面板中的方法相似，在此不再赘述。如果需要对音频进行进一步编辑，可以配合功能面板实现。如果添加的音频时间过长，可以使用"分割"工具对音频进行裁剪，如图 6-10 所示。

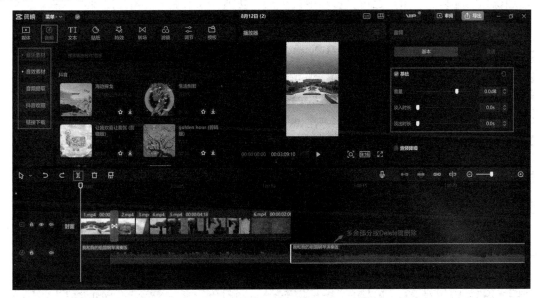

图 6-10 对音频进行裁剪

9）真人录音与变声

单击时间线面板中的"录音"按钮，可以进行声音的录制，录好后选中录制的声音，配合功能面板中的"变声"功能，可以对录音进行进一步调整，以增加视频的趣味性，录音与变声功能如图 6-11 所示。

图 6-11　录音与变声功能

10）添加文本字幕

在素材面板中选择"文本"→"新建文本"选项，配合功能面板，可以为作品添加字幕。此外，剪映还提供了丰富的文字样式，如花字、气泡文字等供用户选择，如图 6-12 所示。为了增加视频的趣味性，用户也可以在功能面板的"动画"选项卡中，为文字设置入场、出场、循环 3 类动画效果。如图 6-13 所示。

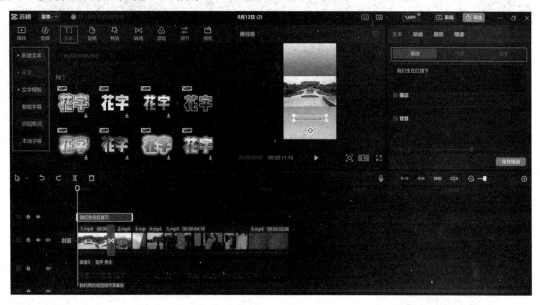

图 6-12　添加字幕

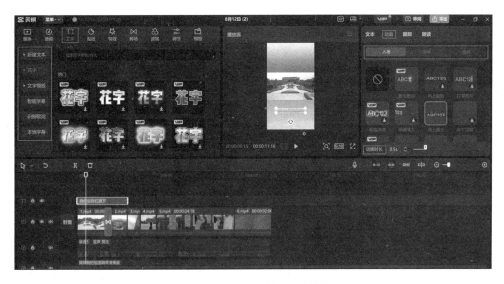

图 6-13　为文字设置动画效果

11) 添加贴纸，装点视频

单击素材面板中的"贴纸"按钮，可以为作品添加贴纸。拖曳下方橙色轨道调整贴纸的播放时间，用户可以在功能面板中对贴纸进行进一步调整，如图 6-14 所示。

扫码看彩图

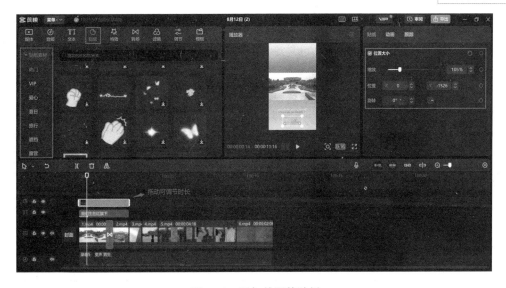

图 6-14　添加并调整贴纸

6. 引导问题

引导问题 1：单击"开始创作"按钮，可以添加的素材类型有哪些？

引导问题 2：如果添加的音频过长，我们应该怎么做？

_____

_____

_____

引导问题 3：视频转场的类型有哪几种？

_____

_____

引导问题 4：在我们录制音频时，如何进行变声处理？

_____

_____

引导问题 5：如何对添加的文本进行再编辑？

_____

_____

_____

引导问题 6：如何快速生成音频中对应的文字内容，比如歌词？

_____

_____

引导问题 7：剪映中有识别字幕的功能吗？如何使用？

_____

_____

_____

7．课后作业

（1）以"我和我的祖国"为主题，制作短视频，将短视频发布到抖音平台。

（2）请下载或录制一段影视作品，进行趣味配音。

8．学习评价

请学生根据表 6-2 和表 6-3 分别对自己和教师进行公平公正的评价，完成学生活动过程自评表和教师评价表。教师根据评分情况调整教学策略。

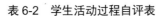

表6-2 学生活动过程自评表

班级		姓名		日期	
评价指标	评价内容			分数	分数评定
信息检索	是否能有效利用网络、图书资源、工作手册查找相关信息；是否能用自己的语言有条理地解释、表述所学知识；是否能将查到的信息有效地传递到工作中			10 分	
感知工作	是否熟悉工作岗位，认同工作价值；在工作中是否能获得满足感			10 分	
参与态度	是否积极主动参与工作，吃苦耐劳，崇尚劳动光荣、技能宝贵；与教师、同学之间是否相互尊重、理解；与教师、同学之间是否能够保持多向、丰富、适宜的信息交流			10 分	
	是否能做到探究式学习、自主学习而不流于形式，处理好合作学习和独立思考的关系，做到有效学习；是否能提出有意义的问题或能发表个人见解；是否能按要求正确操作；是否能倾听别人的意见、协作共享			10 分	
学习方法	使用的学习方法是否合适；是否有工作计划；操作技能是否符合规范要求；是否能按要求正确操作；是否获得了进一步学习的能力			10 分	
工作过程	是否遵守管理规程和教学要求；平时上课的出勤情况和每天工作任务的完成情况；是否善于从多角度分析问题，能主动发现、提出有价值的问题			15 分	
思维态度	是否能发现问题、提出问题、分析问题、解决问题			10 分	
自评反馈	是否按时按质完成工作任务；是否较好地掌握了专业知识点；是否具有较强的信息分析能力和理解能力；是否具有较为全面严谨的思维能力并能条理清晰地表达成文			25 分	
自评分数					
有益的经验和做法					
总结反馈					

表6-3 教师评价表

专业		班级		姓名	
出勤情况					
评价内容	评价要点	考查要点		分数	分数评定
1. 任务描述	口述内容细节	（1）表述仪态自然、吐字清晰		2 分	表述仪态不自然或吐字模糊扣 1 分
		（2）表达思路清晰、层次分明、准确			表达思路模糊或层次不清扣 1 分
2. 任务分析及分组分工情况	依据任务分析知识、分组分工	（1）分析任务关键点准确		3 分	表达思路模糊或层次不清扣 1 分
		（2）涉及理论知识完整，分组分工明确			知识不完整扣 1 分，分工不明确扣 1 分
3. 制订计划	时间	完成任务的时间安排是否合理		5 分	完成任务时间过长或过短扣 1 分
	分组	人员分组是否合理		10 分	分组人数过多或过少扣 1 分

专业		班级		姓名	
出勤情况					
评价内容	评价要点	考查要点		分数	分数评定
4. 计划实施	准备	（1）分析问题		3分	无，扣1分
		（2）解决问题			无，扣1分
		（3）检查任务完成情况			无，扣1分
		（4）点评		2分	无，扣2分
合 计				25分	

任务 2　使用剪映制作九宫格卡点短视频

1．任务描述

扫描如图 6-15 所示的二维码观看视频效果。下载素材包，打开单元 6、任务 2 的素材文件夹，在剪映中导入图片素材，完成九宫格卡点短视频的制作。

扫码看视频

扫码看视频

2．学习目标

（1）会添加图片素材并调整其大小；

（2）会设置视频比例；

（3）会分割素材；

（4）会添加音频音效；

（5）会添加画中画效果；

（6）会设置画面混合模式；

（7）会使用蒙版功能；

（8）会添加音乐卡点；

（9）会添加动画效果。

图 6-15　九宫格卡点短视频效果

3．思政要点

通过"冬日校园"九宫格卡点短视频的制作，培养学生在生活中寻找美、发现美、创造美的能力，并引导学生热爱校园。通过引导学生自主完成任务，培养学生分析问题、解决问题的能力，以及精益求精的工匠精神。

4．任务分析

1）任务表单

对照表 6-4 任务单的任务内容和使用工具，完成本任务实训，将完成情况填写在表 6-4 中。

表 6-4　九宫格卡点视频任务单

序号	任务内容	使用工具	合格性判断	完成情况
1	在微信朋友圈生成九宫格模板并截图保存至手机相册	手机	保存完成	
2	打开剪映，添加素材图片，并将图片比例和视频比例都调整为 1∶1	计算机	添加、调整完成	
3	在另一条轨道，添加九宫格图片并适当放大至屏幕大小	计算机	添加、调整完成	
4	将九宫格图片的混合模式调整为"滤色"	计算机	添加、调整完成	
5	添加音乐，并为其添加卡点	计算机	添加完成	
6	根据音乐卡点，调整素材图片在时间线上的显示时间	计算机	调整完成	
7	为最后一张图片添加矩形蒙版	计算机	添加完成	
8	根据音乐卡点，将最后一张图片分割成若干份	计算机	分割完成	
9	依次选中分割后的图片，将蒙版移动至适当位置	计算机	移动完成	
10	将分割后的图片复制到不同轨道，将若干个图片叠加到同一时间线	计算机	复制、叠加完成	
11	依次选中叠加后的图片，将蒙版移动到适当位置	计算机	移动完成	
12	为最后一张图片添加心形蒙版	计算机	添加完成	
13	依次为所有图片添加动画效果	计算机	添加完成	

2）技术难点

设置画面混合模式；手动添加音乐卡点；添加叠加蒙版，选中部分可见区域的效果。

学习小提示

学习方法建议：自主预习，探究学习。

学习平台：剪映、微信朋友圈。

学习理念：不断完善自己，学无止境。

5．相关知识链接

1）制作九宫格模板

利用微信朋友圈，连续发九张黑色图片，生成九宫格模板，如图 6-16 所示。

2）图片素材添加与调整比例、时长

打开剪映，单击"开始创作"按钮，进入编辑界面。在素材面板中单击"导入"按钮，按住 Ctrl 键即可批量导入多张图片。将图片依次拖动到时间线面板中，图片默认的显示时长为 5 秒，如果想要调整显示时长，那么可以在选中图片后，调整图片的左右边缘。在调整图片的比例时，可以单击时间线面板中的"裁剪"按钮，选择适当的裁剪比例对图片进行裁剪，如图 6-17 和图 6-18 所示。

图 6-16　九宫格模板

图 6-17　"裁剪"按钮

图 6-18　设置裁剪比例

3）制作画中画效果和特效

　　制作画中画效果，既可以将素材添加到不同的轨道上，也可以对素材进行进一步的缩放、移动或旋转等编辑操作。通过多个轨道，用户还可以制作出双屏或多屏特效的效果。当添加纯黑色背景的特效素材时，用户可以将"混合模式"设置为"滤色"，从而去除黑色背景，达到很好的混合效果，如图 6-19 所示。

图 6-19　将"混合模式"设置为"滤色"

4）添加卡点音乐

单击素材面板中的"音频"按钮，可以在分类为"卡点"的音乐素材中，选择合适的音乐并添加到时间线面板中。在时间线面板中选中音乐，单击时间线面板中的"自动踩点"按钮，选择合适的节拍添加卡点，如图 6-20 所示。

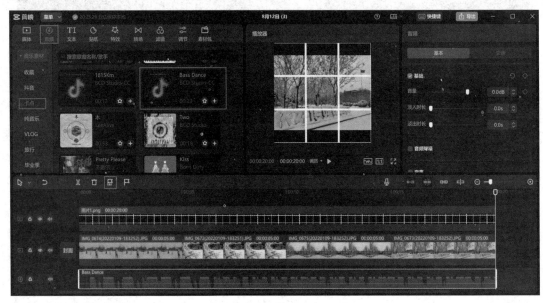

图 6-20　添加卡点

5）根据音乐卡点，调整素材时长

根据音乐卡点，调整图片左右两侧边缘部分，调整素材图片在时间线面板中的显示时间（可以根据需求，如每 3 个卡点显示一张图片），如图 6-21 所示。

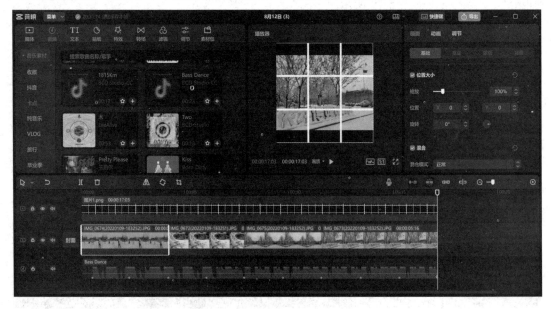

图 6-21　调整素材图片在时间线面板中的显示时间

6）添加蒙版

选中要添加蒙版的对象，选择功能面板中的"蒙版"选项，在"蒙版"选项卡中选择合适的图形，在适当位置添加蒙版，如图 6-22 所示。对于矩形蒙版，也可以适当调整其角效果。

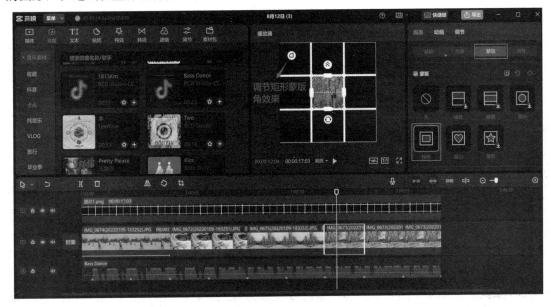

图 6-22　添加蒙版

7）制作同时出现多个蒙版的效果

使用 Ctrl+C 组合键复制多张图片（或视频），使用 Ctrl+V 组合键将这些图片（或视频）粘贴至不同轨道。调节图片（或视频）的位置使其相互叠加。依次选中叠加后的图片（或视频），将蒙版移动到适当位置，即可呈现出一帧出现几个蒙版的效果，如图 6-23 所示。

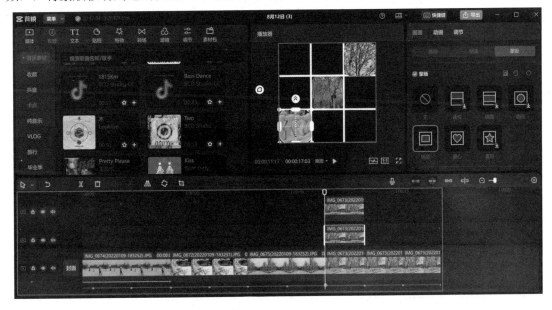

图 6-23　制作一帧出现几个蒙版的效果

8）为图片（或视频）添加动画效果

选中图片（或视频），选择功能面板中的"动画"选项，在"动画"选项卡中可以设置图片（或视频）的入场、出场或组合动画效果，如图 6-24 所示

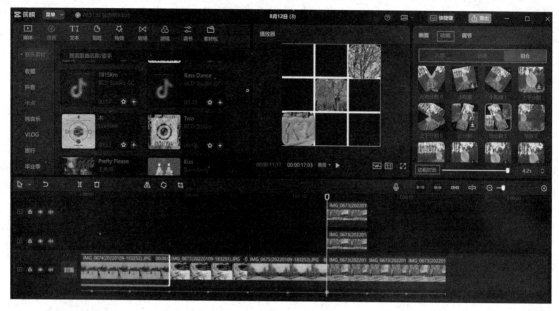

图 6-24 "动画"选项卡

6. 引导问题

引导问题 1：本任务要求的九宫格模板，你是怎样生成的？

引导问题 2：剪映能处理哪些类型的素材？

引导问题 3：如何调整图片在时间线面板中的时长？

引导问题 4: 如何对视频进行比例转换?

引导问题 5: 如何对视频进行缩放?如何调整视频的播放位置?

引导问题 6: 如何添加画中画效果?

引导问题 7: 如果导入的音乐无法自动卡点,应该怎么办?

7. 课后作业

(1)以"预防电信诈骗"为主题,制作画中画短视频,时长不超过 1 分钟,制作完成后发布到抖音上。

(2)以"青春飞扬"为主题,制作照片卡点视频,最好使用蒙版功能,时长不超过 30 秒,制作完成后发布到抖音上。

8. 学习评价

请学生根据表 6-5 和表 6-6 分别对自己和教师进行公平公正的评价,完成学生活动过程自评表和教师评价表。教师根据评分情况调整教学策略。

表 6-5 学生活动过程自评表

班级		姓名		日期	
评价指标	评价内容			分数	分数评定
信息检索	是否能有效利用网络、图书资源、工作手册查找相关信息;是否能用自己的语言有条理地解释、表述所学知识;是否能将查到的信息有效地传递到工作中			10 分	
感知工作	是否熟悉工作岗位,认同工作价值;在工作中是否能获得满足感			10 分	
参与态度	是否积极主动参与工作,吃苦耐劳,崇尚劳动光荣、技能宝贵;与教师、同学之间是否相互尊重、理解;与教师、同学之间是否能保持多向、丰富、适宜的信息交流			10 分	

续表

班级		姓名		日期	
评价指标	评价内容			分数	分数评定
	是否能做到探究式学习、自主学习而不流于形式，处理好合作学习和独立思考的关系，做到有效学习；是否能提出有意义的问题或能发表个人见解；是否能按要求正确操作；是否能倾听别人的意见、协作共享			10分	
学习方法	使用的学习方法是否合适；是否有工作计划；操作技能是否符合规范要求；是否能按要求正确操作；是否获得了进一步学习的能力			10分	
工作过程	是否遵守管理规程和教学要求；平时上课的出勤情况和每天工作任务的完成情况；是否善于从多角度分析问题，能主动发现、提出有价值的问题			15分	
思维态度	是否能发现问题、提出问题、分析问题、解决问题			10分	
自评反馈	是否按时按质完成工作任务；是否较好地掌握了专业知识点；是否具有较强的信息分析能力和理解能力；是否具有较为全面严谨的思维能力并能条理清晰地表达成文			25分	
自评分数					
有益的经验和做法					
总结反馈					

表6-6 教师评价表

专业		班级		姓名	
出勤情况					
评价内容	评价要点	考查要点		分数	分数评定
1. 任务描述	口述内容细节	（1）表述仪态自然、吐字清晰		2分	表述仪态不自然或吐字模糊扣1分
		（2）表达思路清晰、层次分明、准确			表达思路模糊或层次不清扣1分
2. 任务分析及分组分工情况	依据任务分析知识、分组分工	（1）分析任务关键点准确		3分	表达思路模糊或层次不清扣1分
		（2）涉及理论知识完整，分组分工明确			知识不完整扣1分，分工不明确扣1分
3. 制订计划	时间	完成任务的时间安排是否合理		5分	完成任务时间过长或过短扣1分
	分组	人员分组是否合理		10分	分组人数过多或过少扣1分
4. 计划实施	准备	（1）分析问题		3分	无，扣1分
		（2）解决问题			无，扣1分
		（3）检查任务完成情况			无，扣1分
		（4）点评		2分	无，扣2分
合　计				25分	

任务 3 使用剪映制作旅游 Vlog 片头

1．任务描述

扫描如图 6-25 所示的二维码观看视频效果。打开剪映，在黑色背景上添加片头字幕，导出视频。下载素材包，打开单元 6、任务 3 的素材文件夹，在剪映中导入视频素材，接下来通过文字分割片头效果和曲线变速效果，完成旅游 Vlog 片头制作。

图 6-25 旅游 Vlog 片头视频效果

2．学习目标

（1）会设置视频比例并添加视频专属背景；
（2）会使用素材库；
（3）会使用混合模式实现多画片混合效果；
（4）会使用蒙版功能；
（5）会添加关键帧；
（6）会添加画中画效果；
（7）会添加视频特效；
（8）会添加曲线变速效果；
（9）懂得抖音的算法规则，洞察热点事件，具备新媒体工作人员的敬业精神和精益求精的质量意识。

3．思政要点

通过旅游 Vlog 片头视频的拍摄与剪辑，激发学生热爱生活、爱护大自然的精神品质。通过本任务，培养学生分析问题、解决问题的能力，以及精益求精的工匠精神。通过记录旅游的高光时刻，传递人与自然和谐统一的思想。

4．任务分析

1）任务表单

对照表 6-7 任务单的任务内容和使用工具，完成本任务实训，将完成情况填写在表 6-7 中。

表6-7　任务单

序号	任务内容	使用工具	合格性判断	完成情况
1	打开剪映的素材库,导入黑色图片,添加文字并导出	计算机	添加、导出完成	
2	为导出的文字视频添加画中画	计算机	添加完成	
3	修改画中画混合模式,去除黑色背景	计算机	修改、去除完成	
4	添加镜面蒙版,将文字进行分割	计算机	添加、分割完成	
5	在1.5秒处添加关键帧	计算机	添加完成	
6	在0秒处将蒙版调至最窄	计算机	调节完成	
7	添加中间文字并调整格式	计算机	添加、调整完成	
8	为文字设置文本入场动画	计算机	设置完成	
9	为主视频添加曲线变速效果	计算机	添加完成	
10	为主视频添加特效	计算机	添加完成	

2)技术难点

添加关键帧;添加曲线变速。

学习小提示

学习方法建议:自主预习,探究学习。

学习平台:剪映、抖音。

学习理念:即使是普通的孩子,只要学习方法得当,也会成为不平凡的人。

5．相关知识链接

1)素材库的使用方法

打开剪映,单击"开始创作"按钮,进入编辑界面。选择"媒体"→"素材库"选项,可以选择剪映自带的各类常用素材,素材库为用户创作视频带来了便利,如图6-26所示。

2)关键帧的使用方法

关键帧即指运动对象发生改变时的关键画片。在剪映中,用户通过添加关键帧记录物体改变前后的状态,从而实现物体从一个状态向另一个状态的改变。

添加关键帧的方法如下。

(1)选中视频,将时间线定位在动画起始位置,调节与产生动画物体的相关属性,如添加矩形蒙版,将矩形蒙版的宽度调窄。选中视频,在功能面板中单击"蒙版"→"添加关键帧"按钮,为视频添加起始关键帧,如图6-27所示

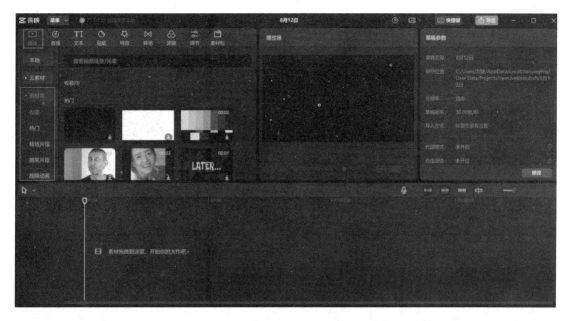

图 6-26　素材库

图 6-27　为视频添加起始关键帧

（2）将时间线定位在动画结束位置，改变与产生动画物体的相关属性，如将矩形蒙版的宽度调宽。在功能面板中单击"蒙版"→"添加关键帧"按钮，为视频添加结束关键帧，如图 6-28 所示。

（3）关键帧之间即会产生相应的动画效果。

3）添加曲线变速效果

单击功能面板中的"变速"按钮，可以调节视频播放的速度。"变速"选项卡中包含常规变速和曲线变速两种方式。常规变速可以通过调节滑块，实现视频播放速度的倍数增长或降低。曲线变速可以通过剪映预设模式或自定义曲线，实现视频播放速度的非线性变化，如先慢后快、先快后慢等，如图 6-29 所示。

图 6-28　为视频添加结束关键帧

图 6-29　曲线变速

4）添加视频特效

　　为了增加视频的美观度与趣味性，用户还可以单击素材面板中的"特效"按钮，为视频添加特效，如图 6-30 所示。

图 6-30 为视频添加特效

6. 引导问题

引导问题 1： 什么是视频的关键帧？

_____

_____

_____

引导问题 2： 如何为视频添加关键帧？

_____

_____

_____

引导问题 3： 如何去除视频的黑色背景？

_____

_____

引导问题 4： 如何为视频添加蒙版？

_____

_____

引导问题 5：有哪些方法可以制作视频分屏效果？

7．课后作业

（1）以"弘扬社会主义法治精神"为主题，利用关键帧进行短视频片头的制作。

（2）以"劳动的一天"为主题，利用画中画进行 Vlog 片头的制作。

8．学习评价

请学生根据表 6-8 和表 6-9 分别对自己和教师进行公平公正的评价，完成学生活动过程自评表和教师评价表。教师根据评分情况调整教学策略。

表 6-8　学生活动过程自评表

班级		姓名		日期	
评价指标	评价内容			分数	分数评定
信息检索	是否能有效利用网络、图书资源、工作手册查找相关信息；是否能用自己的语言有条理地解释、表述所学知识；是否能将查到的信息有效地传递到工作中			10 分	
感知工作	是否熟悉工作岗位，认同工作价值；在工作中是否能获得满足感			10 分	
参与态度	是否积极主动参与工作，吃苦耐劳，崇尚劳动光荣、技能宝贵；与教师、同学之间是否相互尊重、理解；与教师、同学之间是否能保持多向、丰富、适宜的信息交流			10 分	
	是否能做到探究式学习、自主学习而不流于形式，处理好合作学习和独立思考的关系，做到有效学习；是否能提出有意义的问题或能发表个人见解；是否能按要求正确操作；是否能倾听别人的意见、协作共享			10 分	
学习方法	使用的学习方法是否合适；是否有工作计划；操作技能是否符合规范要求；是否能按要求正确操作；是否获得了进一步学习的能力			10 分	
工作过程	是否遵守管理规程和教学要求；平时上课的出勤情况和每天工作任务的完成情况；是否善于从多角度分析问题，能主动发现、提出有价值的问题			15 分	
思维态度	是否能发现问题、提出问题、分析问题、解决问题			10 分	
自评反馈	是否按时按质完成工作任务；是否较好地掌握了专业知识点；是否具有较强的信息分析能力和理解能力；是否具有较为全面、严谨的思维能力并能条理清晰地表达成文			25 分	
自评分数					
有益的经验和做法					
总结反馈					

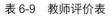

表 6-9 教师评价表

专业		班级		姓名	
出勤情况					
评价内容	评价要点	考查要点		分数	分数评定
1. 任务描述	口述内容细节	（1）表述仪态自然、吐字清晰		2 分	表述仪态不自然或吐字模糊扣 1 分
		（2）表达思路清晰、层次分明、准确			表达思路模糊或层次不清扣 1 分
2. 任务分析及分组分工情况	依据任务分析知识、分组分工	（1）分析任务关键点准确		3 分	表达思路模糊或层次不清扣 1 分
		（2）涉及理论知识完整，分组分工明确			知识不完整扣 1 分，分工不明确扣 1 分
3. 制订计划	时间	完成任务的时间安排是否合理		5 分	完成任务时间过长或过短 1 分
	分组	人员分组是否合理		10 分	分组人数过多或过少扣 1 分
4. 计划实施	准备	（1）分析问题		3 分	无，扣 1 分
		（2）解决问题			无，扣 1 分
		（3）检查任务完成情况			无，扣 1 分
		（4）点评		2 分	无，扣 2 分
合　计				25 分	

请学生结合本单元的内容和学习情况，完成表 6-10 的学习总结，找出自己薄弱的地方加以巩固。

表 6-10 学习总结

学习时间		姓名	
我学会的知识			
我学会的技能			
我素质方面的提升			
我需要提升的地方